KB071930

물리요?

물리요?

다시 시작하는 물리 공부

이주열 지음

사람의무늬

머리말

40년 넘게 대학 강단에서 물리학을 가르쳤던 나는 내 강의를 듣는 학생들에게 어떻게 하면 지식, 정보 등을 효과적으로 전달할 수 있을까 늘 고민했다. 처음 20여 년은 경험이 부족하여 많은 실수와 잘못을 저질렀다. 특히, 왜 학생들이 내 강의에 들어와서 졸거나 심지어는 엎드려 잠을 자는지 알 길이 없었다. 나는 대학 학점에 출석률을 반영하는 방식은 대학생의 자율권을 무시하는 것이라 생각하였고, 또한 단지 강의에 출석해 앉아 있는 것만으로 일정 정도 학점을 보장받는다는 것에 동의하지 않았기에 실험이나 실습 과목을 제외하고는 학생 개개인의 출결 상황이 학점에 영향을 끼치지 않는다고 강좌의 첫 시간에 이미 공표하였다.

그럼에도 불구하고, 어떤 학생들은 기어이 강의에 출석하여 뒷자리에 앉아서 졸거나 자면서 자신의 소중한 시간을 낭비하고 있을 뿐만 아니라 내 자존심을 긁고 있는지 알 수가 없었다. 어떤 사람은 내 강의 실력이 부족하여 그렇다 하였고, 어떤 사람은 "요즘 학생들은 우리 때와는 달라서……."로 시작하는 말을 했다. 전자가 맞는 말이기는 하지만, 그래도 조금

괜찮은 교육자로 자신을 값 매기던 내 자존심을 건드리는 충고였고, 후자는 내 마음에 약간의 위로를 주기는 하지만 무언가 허전하였다.

이렇게 원인을 찾지 못한 채로 지내다가 한 20여 년 전부터 문득 학생들이 물리학 쓰임말(용어, 用語. 이 책에서는 필자가 독자들이 낱말을 제대로 이해하는 데 꼭 필요하다고 판단하면 이와 같이 한자를 덧붙여 이해를 도울 것이다. 그러나 가능하면 순수한 우리말 낱말들을 쓸 것이다. 혹시 이것이 오히려 불편할 수도 있으나 읽는 이들의 너른 헤아림을 구한다.)의 개념을 매우 엉뚱하게 가지고 있는데, 그 원인이 바로 물리학 쓰임말들이, 비록 일상생활에서 쓰는 낱말들을 빌려 쓰고는 있지만, 그 뜻이 '매우' 제한적으로 쓰이고 있다는 사실을 미처 깨닫지 못하기 때문임을 알게 되었다. 이러한 현상을 가리켜 물리 교육학에서는 '오개념'(誤概念, '개념'이라는 낱말 앞에 그르칠 '오'를 덧붙였으니, 오개념이란 잘못된 개념이라는 뜻이다.)이라는 그럴듯한 쓰임말로 나타낸다. 이러한 오개념은 의외로 상당히 널리 퍼져 있고, 때로는 많은 사람들이 똑같은 오개념을 가지고 있기도 하고, 심지어는 나 역시 지금도 내가 가지고 있는 오개념을 깨닫고 고치기도 한다. 같은 낱말이지만 일상생활에서 쓸 때의 뜻과 물리학에서 쓸 때의 뜻이 어떻게 다르고 어떤 점에서 비슷한지 명확히 알지 못하면 당연히 오개념을 가질 수밖에 없다. 물리학을 공부하는 이공계 대학생들에게도 이러한 오개념은 매우 흔한 일이니, 일반인에게는 더욱 그럴 수밖에 없다.

이 책에서 다루는 물리학 쓰임말들에 대한 설명이나 다른 여러 내용들은 물리학을 하는 사람이라면 아마도 매우 명확히 알고 있는 것들이다. 그러나 필자가 이것들을 깨우치는 데 짧게는 수 주일에서 어떤 것은 십 년이 넘게 걸렸다. 하기야 지금도 강의 도중이나 동료들과 대화를 나누다가 문득, "이 물리학 쓰임말의 뜻과 쓰임새가 이런 것이었어?" 하고 깨우치는 경우도 많다. 필자는 아직 공부가 무르익지 않아서인지, 새로운 것들을 배울 때는 꼭 집어 분명하게 뜻을 알려주지 않으면 나 혼자 깨우치는 데 매우 오랜 시간이 걸린다. 바로 이 책에서 다루려는 것들이 전문가들은 '말해 주지 않아도 이미, 그리고 당연히 알고 있어야 하는 것들'이겠지만, 필자에게는 아무도 꼭 집어 분명하게 설명해 주지 않아 알아내는 데 어려움을 겪었다. 하물며 물리학을 전공하는 필자가 그럴진대 당연히 다른 사람들은 더욱 그러할 것이라는 주제넘은 판단을 근거로 이 책을 쓰게 되었다.

교육자로서 살아오는 동안 여러 가지 질문을 받지만, 그중에서도 특히 어떻게 하면 물리학을 잘 배울 수 있느냐는 물음이 많았다. 이런 물음을 받으면, 나는 이내 "혹시 그 방법을 찾거든 저에게도 귀띔해 주세요."라고 말하곤 하였다. 그런데 의외로 많은 사람들이 우리가 특히 초중고교에서 배우는 과목들을 암기 과목과 비암기 과목으로 나누고, 수학과 물리학 등은 암기 과목이 아니라고 '착각'하고 있었다. 이러한 비암기 과목을 배우는 데는 논리적 사고력이 중요하지, 국어 실력은 중요하지 않다고 굳게 '믿고' 있다. 그러면서 과학고 학생들이 국어에 매우 취약하다고 말한다. 잘라 말하지만, 이는 전혀 맞는 말이 아니다. 나는 이 세상에 비암기 과목은 없다고 생각한다. 수학 공식을 외우지 않고 시험을 치러 좋은 성적을 얻을 수 있을까? 절대 그럴 수 없다. 어떤 과목이든 잘 '외워야' 된다. 어떠한 과목이든 이 외우는 과정은 논리적 사고와 함께 다양한 방식의 반복과 훈련을 통해 이루어져야 하는데, 물리학이나 수학에서는 이 논리적 사고력이 소위 말하는 단순 암기 과목보다 조금 더 많이 필요하다는 것이 다를 뿐이다. 특히 특정 과목에서 쓰이는 쓰임말들의 개념을 정확하게 가지고 있어야 하는데, 만일 잘못된 개념을 가지고 있으면 아무리 논리적 사고와 함께 다양한 방식의 반복과 훈련을 해도 소용이 없다.

논문을 쓰거나 전공 서적을 집필할 때는 그것이 우리말이든 영어이든 상관없이 그냥 내 생각이 흐르는 대로 글을 쓰면 되었다. 논문 심사를 하는 분들이나 전공 서적을 읽는 분들에게 어떤 개념을 너무 자세히 풀어 설명하면 오히려 실례가 될 수도 있기에, 내 뜻을 전달하는 데 있어 차근차근 설명할 필요가 없는 경우가 많기 때문이었다. 그런데 일반인을 상대로 내 생각을 글로 써 한 권의 책으로 펴내는 일이 무척 어렵다는 것을 이번에 새삼 느꼈다. 무엇보다 내 글재주가 보잘것없기에 어떤 주제는 글로 나타내는 데 큰 어려움을 느꼈을 뿐만 아니라 그 주제에 대한 논의를 마쳤다고 생각하고 다시 읽어 보면 무엇인가 부족하고, 내가 쓴 글이지만 다시 읽어 보면 무슨 말인지 쉽게 와 닿지 않아 다시 읽기를 반복하기도 했다. 어떤 논의는 매우 정교하면서도 고도의 집중을 요구하는 것들도 있기에 이런 부분을 읽는 독자의 인내심이 있어야 한다. 글쓴이가 가장 무기력함을 느끼기는 하지만 어쩔 수 없이 이런 부분을 부딪치면 그저 끈기와 함께 다시 읽기를 부탁드린다.

차례

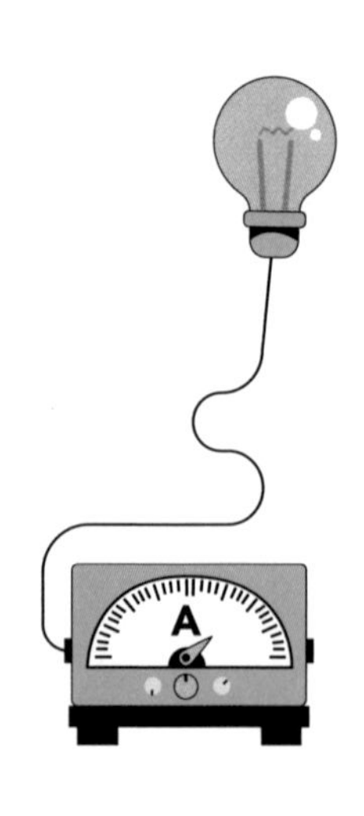
A

들어가기

이 책의 제목인 "물리요?"를 그저 밋밋하게 읽으면 이 말의 진정한 뜻을 제대로 맛볼 수 없다. 조금 강조하자면, 처음 시작부터 두 눈을 동그랗게 뜨고 상대방의 눈을 정면으로 바라보면서 놀란 듯이 약간 높은 말투로 시작하여 마지막 물음표 앞의 '요' 자를 읽을 때는 더욱 강하게 높여 읽어야 제맛이 난다.

매학기 개강을 하고 '일반 물리학' 강좌 첫 시간에 학생들에게 간략하게 내 소개를 하고, 연구실 호수와 이메일 주소도 알려주고, 시험은 어떻게, 그리고 몇 번에 걸쳐 치는지, 과제는 어떻게 주어지고 어떻게 제출해야 하는지 등의 설명이 끝나고 나면, 으레 불쑥 "'물리' 하면 떠오르는 낱말이 무엇입니까?" 하고 질문을 한다.

물론 대학원이나 학부 고학년 과목의 경우는 이러한 질문을 하지 않지만, 이제 갓 대학에 입학하여 강의를 처음 듣게 되는 신입생들이 주를 이루는 일반 물리학 과목의 경우에는, 이러한 질문을 던지면서 강의를 시작하면 강의를 듣는 학생들의 주의를 끄는 데 효과가 있어 자주 쓰는 방법이었다. 이 질문에 대한 답변은 대체로 '어렵다', '지루하다', '재미없다', '천재들만 하는 학문 아닌가요?', 속된 말로 '물리학으로 밥 벌어 먹고살겠어?' 등이다. 심지어는 '제물포[1]' 같은 낱말도 등장한다. 만일 이 질문을 일반인에게

1 "쟤 때문에 물리 포기했어."의 줄임말.

하면 바로 "물리요?" 하고 반응할 것이 예상된다.

재미없기는 하지만 이들 대답 가운데 두 개만 따로 사족을 달아 보면, 첫 번째로 '물리학으로 밥 벌어 먹고살겠어?'라는 반응은 특히 1970년대부터 1990년대에 대학을 다녔던 사람들이 주로 보이는 반응으로 생각보다 매우 널리 퍼져 있는 '오개념'이다. 실제로 내가 대학을 졸업하였던 1970년대 말에는 물리학 전공자를 뽑는 기업이 딱 두 곳밖에 없었다.

그러나 반도체, 디스플레이, 스마트폰 등 IT 산업뿐만 아니라 자동차, 조선, 철강 등에서 전 세계를 이끄는 현재 우리나라의 산업 현장에서는 오히려 물리학 전공자의 수요가 늘고 있다. 내가 정년퇴임 때까지 근무하였던 대학의 경우 물리학과 졸업생들의 취업률[2]이 80%를 상회할 정도이다. 중요한 것은 물리학 전공자들의 취업률도 높지만, 그 취업의 질도 좋다는 것이다. 대체로 연구·개발 분야에서 일하지만, 의외로 기획·전략 분야에서도 물리학 전공자들의 수요가 많다. 기획·전략 분야에 물리학 전공자들의 수요가 많다는 것은 그만큼 물리학 전공자들이 합리적인 사고와 창의적인 사고, 그리고 체계적인 사고를 하도록 훈련을 받았기 때문이라고 생각한다. 그러나 무엇보다도 문제 해결을 위해 끈질기게 덤벼드는 끈기와 도전 정신을 가진 물리학 전공자들이 기획·전략 분야에서도 큰 활약을 하기 때문일 것이다.

다시 강의실로 돌아가서, 학생들에게 "여러분 중에 혹시 대기업의 CEO가 되고 싶은 사람이 있습니까?" 하고 질문한 후에 이어서 "대기업의 CEO가 되기에 꼭 필요한 덕목이 무엇입니까?" 질문을 던진다. 그러면 지도력, 창의력 등의 온갖 좋은 낱말들이 다 등장한다. 이때 나의 대답은 "우

2 대학이 직업훈련원이 아닌 이상 취업률로 무엇인가를 따진다는 것에 나는 극도로 '혐오감'을 가지고 있지만, 현실을 마냥 무시할 수도 없다.

선 안 잘려야 하지 않을까요?"라고 한다. 실제로 물리학 전공자들의 단일 직장 근속 기간은 다른 전공자들에 비해 매우 길다.

다음으로는 '물리학은 천재들만의 학문'이라는 생각에 대해 따져 보자. 물론 이러한 생각을 일반인들이 가지도록 만든 수많은 '천재' 물리학자들이 있다. 뉴턴, 맥스웰, 아인슈타인, 스티븐 호킹 등 일일이 손으로 꼽기에 부족할 정도로 많은 '천재 물리학자'들이 있다. 내가 처음 만나는 사람과 인사를 나누고 나면 으레 무엇으로 먹고사는지, 곧 내게 직업이 무엇인지 묻는 경우가 많다. 그러면 나는 "대학에서 학생을 가르칩니다."라고 한다. 그러면 상대방은 "아, 교수님이시군요."라고 말한 후 곧바로 "그런데 무슨 과목을 가르치십니까?"라고 묻는다.

내가 "물리학을 가르치고 있습니다."라고 답하면 대뜸 이런 반응이 오기 쉽다.

"물리요?"

하면서 이내 눈을 동그랗게 뜨고 다음 말을 덧붙인다.

"천재시군요."

그러면 나는 두 손으로 동시에 손사래까지 쳐 가면서 대꾸한다.

"아니요. 저는 천재는커녕 거의 둔재에 가깝고 그냥 일반인들과 비슷한 수준의 사람입니다."

그러면 다음 반응은 보통 이러하다.

"천재신데 겸손하기까지 하군요."

나는 천재도 아니지만 그리 겸손한 사람도 아니기에 요즈음에는 "천재시군요." 하면, 그냥 "고맙습니다." 하고 인사하고 만다.

내가 생각하기에 이러한 '오개념'을 사람들이 가지도록 가장 큰 공헌을 한 사람 중 하나가 아인슈타인이다. 그에 대해 말해 보면, 아인슈타인의

지능지수가 200이 넘는다는 말도 있지만 내가 아는 바로는 적어도 공식적으로 아인슈타인이 지능지수를 재 본 적이 없다는 것이다. 다만 1905년에 발표한 특수 상대성 이론이 물리학 전공자에게조차 이해하기 쉽지 않은 이론이지만, 이를 일반화한 일반 상대성 이론은 고도의 수학 지식을 요구하는 매우 어려운 학문 분야인데 이렇게 어려운 상대성 이론을 거의 혼자서 만들어내고 완성하였으니 미루어 짐작건대 천재임이 분명하다고 믿고 있을 뿐이다.

대학에서 물리학을 가르친다는 나 역시 부끄럽지만 관성계에서 성립하는 특수 상대성 이론과 달리 일반 상대성 이론은 비관성계에서도 성립하는 '일반적' 이론이고 중력의 근본 원인을 '그럴듯하게' 설명하고 있으며 중력이 공간을 휘게 만든다고 설명하는 **해괴한** 이론이라는 정도만 알고 있다. 실제로 1905년에 관성계에서만 적용되는 특수 상대성 이론을 어느 정도 이해한 사람이라면 이를 비관성계에도 적용할 수 있도록 확장해야 한다는 것은 쉽게 떠올릴 수 있다. 그러나 이를 실제 실행에 옮겨 특수 상대성 이론을 일반화시키는 것은 그리 녹록한 일이 아니다. 아인슈타인 자신도 10년에 걸쳐 연구하여 이 이론을 완성하였지만, 특히 수학적인 부분에 대해서는 많은 동시대 수학자들의 도움을 받았다. 내가 보기에 아인슈타인은 엄청난 천재라기보다는 10년 동안 일반 상대성 이론의 완성을 위해 중간에 포기하지 않고 끝까지 도전하여 성공을 이끌어 낸 끈질긴 사람이라고 생각한다.

이미 머리글에서도 말했듯이 왜 학생들이 내 강의를 지루해 하다못해 졸거나 아예 책상에 엎드려 자는지 궁금증을 해결하지 못한 상태에서 어느 날 문득 깨달은 바가 있었다. 나는 그동안 내 강의를 듣는 학생들이 수업을 제대로 알아들을 수 없는 상태, 곧 준비가 덜 된 상태에서 강의를 듣다 보니 내가 전달하고자 하는 내용을 잘 이해하지 못해 지루해 하고 졸거나 잔다고 학생들을 탓했다. 그렇게라도 해야 내 마음이 그나마 평화를 찾을 수 있었기 때문이다. 하지만 내 강의가 학생들에게 지루한 강의일 수도 있으니 소위 교육학자들이 주장하는 수업방식의 다양화도 꾀하고, 시청각 교재도 활용하는 것이 좋겠다고 생각하여, 당시에는 상당히 파격적으로 칠판에 판서하지 않고 강의 내용을 모두 파워포인트 자료로 준비해 강의를 진행하였고 가끔 동영상도 보여주었다. 그러나 결과는 별반 달라지지 않았다. 새로운 수업 방식에 처음 몇 시간은 그런대로 수업 분위기가 나아졌으나 3-4주가 지나니 두 눈을 반짝이며 수업에 열중하는 학생은커녕, 빔 프로젝터를 쓰다 보니 강의실 전체가 조금 어두워져서 오히려 졸거나 자는 학생 숫자가 늘어났다. 물론, 학생들의 이해도와는 별개로 진도는 잘 나갔다.

그러던 어느 날 문득 레이저 포인터를 이용하여 슬라이드의 한곳을 가리키며 학생들에게 열심히 설명하고 있는데, 정작 학생들은 내가 포인터로 가리키는 곳을 보는 것이 아니라 나를 뚫어져라 쳐다보고 있다는 사실을 알아챘다. 마치 달을 손가락으로 가리켰더니 손가락이 가리키는 달은 쳐다보지 않고, 달을 가리키는 손가락만 쳐다보는 격이다. 그 순간 나는 나와 학생들이 함께 같은 생각을 하지 않고, 나는 나대로, 학생들은 학생들대로 제 생각만 하고 있다는 것을 깨달았다.

수업이 끝난 후 연구실로 돌아와 곰곰이 생각해 보았다. 왜 내 생각과 학생들의 생각이 동기화[3]되지 못하였을까? 물론 강의 시작부터 모든 학생과

3 同期化, synchronization. 여기서는 나와 학생들이 같은 생각을 하는 것만이 아니라 내가 생각을 바꾸면 학생들도 즉시 나와 함께 생각을 바꾸는 것을 뜻한다. 강의실 현장에서 수업의 질을 높이는 데 결정적인 역할을 하는 것이 바로 강의자와 수강자들의 '생각의 동기화'라고 생각한다.

내 생각이 '비동기화'되었을 리는 없다. 왜냐하면, 그래도 내 강의를 '매우 재미있다'고 듣는 학생들도 꽤 많았으니 그런 학생들은 강의 처음부터 끝까지 나와 생각의 동기화를 잘 유지하고 있었다는 이야기가 된다. 그렇다면 강의 중간 언제부터 비동기화가 이루어지기 시작했을까? 그것은 학생 개개인에 따라 서로 다른 순간에 시작되었다고 볼 수밖에 없다. 왜냐하면 어느 한순간에 여러 학생이 동시에 졸기 시작하거나 자는 것은 아니기 때문이다.

그렇다면 이러한 생각의 비동기화는 어떻게 일어나기 시작할까? 나는 학생들이 가지고 있는 여러 물리학의 오개념들에 대해 생각하다가 결국 내가 쓰는 낱말들에 집중했다. 특히 학생들이 물리학 쓰임말들의 뜻을 잘 못 알고 있기에 이렇게 오개념을 가진 낱말이 내 입에서 나오면, 그 다음부터 내가 하는 말은 그 학생에게 외국어나 진배없으므로 생각의 비동기화가 시작되고 마는 것이다. 한번 비동기화된 생각은 좀처럼 제자리로 돌아오지 못하고, 학생들의 생각은 강의실을 벗어나 서울, 대구, 부산 찍고 지구를 떠나 안드로메다까지 갔다 오는 것이다. 그러는 사이 내 강의는 꿈속에서 아스라이 들리는 메아리가 되었을 것이다.

이 모든 문제점을 되짚어 보면 결국 학생들과 나 사이의 소통 문제, 조금 더 구체적으로 '말', 곧 언어의 문제였다. 이러한 깨달음이 있고 나서부터 "'물리' 하면 떠오르는 낱말이 무엇인가?"라고 공중에 던진 질문에 관한 이야기가 마무리되면 다시 또 허공에 질문을 던진다.

"그렇다면 무엇을 잘해야 물리학을 잘할 수 있을까?"

그러면 여러 답변이 쏟아진다.

"수학을 잘해야 해요." "논리적 사고를 잘해야 해요." 등등의 답변이 나오는데, 내가 마지막으로 답하는 것은 칠판에 '국어'라고 쓰는 것이었다. 그러면 대부분의 학생은 어리둥절하면서 도대체 '국어'와 '물리학'이 어떤 관계를 갖는 것인지 궁금해 한다.

물리학을 잘하기 위해서는 국어를 잘해야 한다고 하면, 아마도 많은 학생들은 수능에서 얻은 자신의 국어 성적을 떠올리겠지만, 수능 국어 성적과 내가 말하는 국어 실력은 거의 관련이 없다고 해도 지나친 말이 아니다. 내가 말하는 국어 실력이란 얼마나 남의 말과 글을 **잘 알아듣고**, 또한 자신의 생각을 말과 글로 남에게 얼마나 **잘 나타내는가**를 뜻하는 것이다. 곧 국어에서 말하는 듣기, 말하기, 읽기, 쓰기 실력이다. 물론 이런 실력이 뛰어난 사람이 국어 시험 성적도 좋을 수는 있으나 반드시 그러한 것은 아니다. 무엇보다도 이러한 국어 실력은 꼭 물리학을 잘하기 위해서만 필요한 것은 아니다. 수학, 과학, 사회 등 공부의 여러 분야뿐만 아니라 사회생활을 원활하게 이어가기 위해서도 꼭 필요하다.

나는 더 나아가서 학생들에게 자신이 가지고 있는 지식이나 정보, 생각 등을 다른 사람, 특히 전달하려는 내용에 대한 이해도가 매우 낮은 사람에게도 알아들을 수 있도록 잘 풀어서 설명할 수 없다면, 그것은 아직 내 지식이나 정보가 아니라고 말했다[4]. 그래서 나는 학생들이 동료들과 함께 공부할 것을 강력히 권한다. 그래야 서로 자기의 생각을 타인에게 설명하고, 타인의 이야기를 주의 깊게 듣다 보면 어느덧 물리학 쓰임말의 개념을 정확히 알게 되고 나아가서는 물리학을 잘하게 되는 것이다. 특히 문제 풀이를 할 때 여러 명이 의논해서 풀면 훨씬 잘 풀릴 뿐만 아니라, 자신이 가지고 있는 오개념을 고칠 수 있다.

이러한 깨달음을 얻은 후 나의 강의 방식은 매우 달라졌다. 우선 전달

4 우연히 tvN에서 시리즈물로 방영하였던 '어쩌다 어른'이라는 강연 프로그램에 연사로 나온 김경일 교수의 강연을 듣고서, 내 생각을 인지심리학적으로 적확하게 설명하는 것을 보고 매우 놀랐다. 관심 있는 분들은 '어쩌다 어른 43화'를 시청해 보기를 권한다.

하려는 내용을 수식으로 먼저 칠판에 써 놓고 수식을 설명하면서 물리학적 개념을 설명하려는 방식에서 벗어나, 특히 일반 물리학에서는 되도록 수식을 동원하지 않고 물리적 상황을 설명하고 학생들을 이해시키려 노력하였다. 2020년과 2021년에는 코로나19로 열리지 않았지만, 매년 봄 학기 개강 전, 수시전형에 합격한 신입생들을 대상으로 하는 예비대학에서 '기초물리학'이라는 강좌를 7~8년 이상 개설하였다. 고등학교에서 물리학을 전혀 또는 거의 공부하지 않은 학생들을 대상으로 고등학교 물리학과 대학의 자연대와 공대 학생들을 대상으로 하는 일반 물리학의 중간 수준 정도로 강의를 진행하였는데, 이 강의에서는 거의 수식을 쓰지 않고 물리학 강의를 진행하였다. 마지막 강의 시간에 학생들에게 강의를 들었던 느낌을 자유롭게 적어 내라 하면 대체로 물리학에 대해 가졌던 '막연한 공포감'을 상당히 해소하게 되어 유익했다고 평가하였다.

결국 **소통**, 보다 구체적으로는 **언어**의 문제가 물리학에서도 가장 기초적이면서도 필수적인 요소라는 것을 깨달았다. 이후로는 물리학의 쓰임말이 일반적으로 쓰이는 낱말의 뜻과 어떤 면에서는 같고 어떤 면에서 다른지 학생들에게 주의를 기울이도록 강조하였다. 많은 물리학의 쓰임말들이란 레이저[5], 컴퓨터[6], 액정[7], 올레드[8] 등과 같이 새로운 발명 또는 발견에 힘

5 'Light Amplification of Stimulated Emission of Radiation'의 머리글자들을 모아 만든 신조어. 한국물리학회의 물리학용어집을 이용하여 글자 그대로 번역하면 '유도 방출 복사에 의한 빛 증폭기' 정도가 되겠다.

6 Computer, 전자계산기. 혹자는 컴퓨터는 계산기가 아니라고 하는데, 그러면 '계산하다'에 해당하는 'compute'에서 파생된 'computer'를 어떻게 번역해야 하나? 아마도 현재의 개인용 컴퓨터의 놀라운 능력을 보면 컴퓨터는 간단한 계산기일리가 없다고 생각할 수 있지만, 엄밀하게 말하면 컴퓨터는 말 그대로 계산기인데 그 처리 속도가 현재 인간의 능력으로 도저히 따라잡을 수가 없다.

7 'Liquid Crystal'을 직역한 것이다. 액정이란 전기를 인가하지 않으면 구성 분자들이 제멋

입어 새롭게 만들어지는 경우를 제외하고는 우리가 일상생활에서 쓰는 낱말들을 빌려 쓸 수밖에 없다. 그런데 일상적인 대화에서 쓰이는 낱말들은 보통 두세 가지 이상의 뜻을 같은 낱말로 나타낸다. 예를 들어, '일을 한다'라고 했을 때, 일상생활에서는 직장에 출근하여 '일'하고, 청소를 하면서도 '일한다'고 하고, '지나가는 행인에게 **일삼아** 말을 걸었다'고도 한다. 그러나 '일'이라는 낱말이 물리학 쓰임말이 되면 그 뜻은 위에서 말한 일상생활에서 쓰는 '일'이라는 낱말의 여러 뜻 중에서 극히 작은 일부만을 매우 제한적으로 나타내고 있다.

바로 이러한 구분(즉 같은 낱말을 쓰지만, 일상적인 대화에서 쓸 때의 뜻과 물리학 쓰임말로 쓰일 때의 뜻이 어떻게 다르고 어떤 점들이 비슷한지 잘 헤아리는 것)이 매우 중요한데, 이 과정에서 물리학을 배우는 학생들이 오개념을 가지기 매우 쉽다.

일반적으로 낱말의 뜻은 글의 앞뒤 문맥을 따져 보아야 정확해지거나, 심지어 일상 대화에서 쓰는 낱말은 말하는 사람의 몸짓이나 표정도 함께 읽어야 정확한 뜻을 알 수 있다. 표준국어대사전이나 메리엄-웹스터(Merriam-Webster) 사전을 보면 하나의 낱말에 대한 설명으로 여러 항목을 나열하고 있다. 그만큼 한 낱말이 일상생활에서는 여러 가지 의미로 다양하게 쓰이고 있으며, 그 뜻 역시 때로는 미세하게, 때로는 매우 다르다. 따라서 낱말의 뜻을 문단 안에서 잘 이해하려면 그 낱말의 앞과 뒤, 그리고 문장 전체, 나아가서는 문단 전체 등으로 확장하여 문맥을 잘 짚어야 말하거나 글 쓴 사람이 전하려는 뜻을 정확히 알 수 있다.

예를 들어, 우리는 '잘한다'와 '자~알한다'의 뜻이 어투에 따라 전혀

대로 배열되어 있지만, 전기를 인가하면 한 방향으로 정렬하는 물질을 일컫는다.

8 유기물로 만든 빛내는 다이오드. 'Organic Light Emmitting Diode'의 머리글자들을 모아 만든 OLED를 그냥 소리나는 대로 읽은 것이다.

반대의 뜻을 나타낸다는 것을 알고 있다. 그러나 그 낱말이 물리학의 쓰임말이 되는 순간, 문맥이나 낱말의 앞뒤를 잘 짚어 그 쓰임말의 뜻을 헤아려야 한다면, 그 낱말은 이미 물리학의 쓰임말로는 쓸모가 없어진 것이다. 왜냐하면 물리학, 더 넓게는 자연과학의 쓰임말은 객관성이 생명이기 때문에 언제, 어디에서 쓰이더라도 같은 뜻을 가져야 하기 때문이다.

일상생활에서 쓰이는 낱말을 물리학의 쓰임말로 빌려 쓸 때는 그 뜻이 **단 하나**여야 한다. 이 차이점을 놓치면 바로 물리학 오개념이 생기는 것이다. 다만 같은 낱말이 접두사나 접미사로 쓰일 때, 앞이나 뒤에 붙는 낱말에 따라 약간의 뜻 차이가 있을 수는 있다. 또한 하나의 쓰임말이 두 개의 서로 다른 뜻으로 쓰이는 경우도 물론 있다.[9] 예를 들어 '소화계'의 '계'는 '동물계'의 '계'와는 뜻이 조금 다르다. 하나만 덧붙이자면, 현재 우리가 알고 있는 물리학이 유럽에서 들어온 것으로 영어 또는 유럽의 언어인 물리학 쓰임말을 우리말로 적절히 번역해야 하는데, 만일 적합한 낱말을 찾지 못하면 소리 나는 대로 적거나 새로운 낱말 조합, 주로 한자어로 만들다 보니 일반인이 이해하기에는 많은 어려움이 있다. 비유럽 언어권에 사는 사람들이 겪는 이중고이다.

이 책에서는 이러한 점에 착안하여 물리학 쓰임말에 대하여 보다 적확한 정의와 뜻을 드러내고, 많은 사람이 쉽게 빠져드는 오개념들을 밝혀서 고치려 하였다. 우선, 특별한 경우를 제외하고는 각 장과 절의 제목은 그 장과 절을 대표하는 물리학 쓰임말로 잡았다. 물리학 쓰임말로 제목이 정해지면, 그 낱말의 사전적 뜻은 국립국어원에서 만든 '표준국어대사전[10]'을 이용

9 대표적인 예가 차원(Dimension, 次元)이다.

10 https://stdict.korean.go.kr/main/main.do

하여 제시하고, 이에 대응하는 영어 낱말 또는 구는 메리엄-웹스터 사전[11]을 사용하였으며, 일반에게 잘 알려지지 않았거나 익숙하지 않은 물리학 쓰임말은 한국물리학회에서 발행한 '물리학 용어집[12]'을 참고하였다. 물리학 쓰임말로 빌려 쓴 낱말들의 사전적 정의를 보면 그 낱말이 일상생활에서 어떻게 쓰이는지 알아내고, 나아가서는 물리학 쓰임말로 쓰일 때는 그 뜻이 얼마나 좁은 범위로만 쓰이는지 구분하기를 바란다.

나와 같이 영어 울렁증이 있는 사람들을 위한 사족 하나. 쓰임말을 설명하는 항목에 나오는 영어 낱말의 뜻풀이를 다시 영어로 나타냈다. 메리엄-웹스터 사전의 설명을 그대로 옮겨 적다 보니 그리되었다. 그러나 걱정하실 필요는 없다. 대개 한 낱말에 대한 설명 항목들이 여러 개 있는데 이들 중 내 이야기를 이끌어 가는 데 꼭 필요한 항목은 다시 한글로 풀어 설명하였다. 만일 이러한 부연 설명이 없다면, 그저 그 낱말에 대한 일상생활에서의 쓰임새가 얼마나 다양한지를 보여주기 위한 것이므로, 그 낱말의 영어 뜻을 몰라도 이 책을 읽는 데 아무런 지장이 없다는 뜻이다.

내 강의 인생 전반부 20년뿐만 아니라, 특히 후반부 20여 년의 경험을 바탕으로 물리학에 호기심은 가지고 있으나 쉽사리 접근하기 어려웠던 사람, 물리학에 대해 전혀 아는 바가 없다고 '자부'하는 사람, 나아가서는 심각하게 자연과학을 공부하려는 모든 이에게 도움을 주려고 이 책을 쓰게 되었다. 부디 이러한 내 자그마한 소망이 독자 여러분의 물리학에 대한 이해력을 높이는 데 조금이라도 보탬이 되기를 바란다.

11 https://www.merriam-webster.com/

12 http://www.kps.or.kr/content/voca/search.php

학술적 쓰임말

이 장을 끝내기 전에 물리학과 직접 연관이 없지만 내가 오랫동안 생각해 오던 것을 말하려 한다. 우리가 지금 접하는 대부분의 학문 분야는 특별한 경우를 빼고는 소위 구미라 불렸던 유럽 또는 미국의 그것들을 그대로 받아들였다. 따라서 개개의 학문 분야에서 쓰는 쓰임말들은 영어 또는 유럽 언어의 낱말들을 적절히 번역하여 쓰고 있다. 이 과정에서 어쩔 수 없이 잘못된 번역어를 쓰거나 적절한 번역어를 찾지 못하는 경우가 많았다. 전자의 경우는 이 책에서 그 잘못된 점을 지적하고 대안을 제시하였다. 후자의 경우는 약간 복잡한 문제를 안고 있다. 적절한 번역어를 찾기 어려우면, 때로는 외국어 낱말을 그냥 소리 나는 대로 적는 것도 하나의 방법이다.

문제는 번역어를 찾는 것이 그리 쉬운 작업이 아니라는 것이다. 이 과정에서 손쉬운 방법이 한자어를 쓰는 방법이다. 요즈음 한자의 중요성을 강조하는 사람들이 주장하기를 매우 많은 우리말 낱말들이 한자어로 이루어져 있어 그 뜻을 보다 정확히 알려면 한자를 알아야 하니 학교에서 한자를 가르쳐야 한다고 한다. 얼핏 들으면 매우 그럴듯한 주장이다. 다만, 만일 초중고교에서 한자교육을 한다면 그렇지 않아도 지나친 학습 부담에 시달리는 우리나라의 학생들에게 또 다른 부담을 더하는 것은 아닌지 잘 살펴보아야 한다. 무엇보다도, 이해하기 쉽고, 말하기도 좋으며 바로 그 뜻이 전달되는 순우리말이 있는데 굳이 한자어로 된 낱말을 써야 하는지 따져 보아야 한다.

여러분은 '넘빨강살'이나 '넘보라살'이라는 낱말을 들어 본 적이 있나? '흰피톨'과 '붉은피톨'? 혹은 '흰자질'은? '떠돌이별'과 '붙박이별'은? 그렇다면 '적외선', '자외선', '백혈구', '적혈구', '단백질', '행성', '항성'은 어떠한가? 나의 기억으로는 앞의 순우리말들이 나의 초등학교[13] 시절 학교에서 공식적으로 배운 학술적 쓰임말들이다. 어찌된 이유인지 5.16 군사 정변 이후 한자어로 된 후자의 쓰임말들이 현재는 쓰이고 있다. 한글전용 정책을 강제로 시행했던 박정희 정권 시절에, 바로 알아듣고 말하기에도 아름다웠던 순우리말로 된 쓰임말들이 버려지고 다시 한자어 쓰임말만 남게 된 것은 독재정권이 펼친 정책이 빚어낸 또 다른 역설이다. 아마도 **고상한** 학술적 쓰임말에 천한 **언문**[14]을 쓰는 것을 부끄럽게 여겼던 분들이 많았던 것이 이러한 퇴행을 만든 이유가 아닐까?

내가 속한 학술단체인 한국물리학회에서는 물리학 쓰임말들을 잘 정리하여 올바르게 쓰이도록 하였는데, 되도록 한자어로 된 쓰임말들은 순우리말로 바꾸도록 노력했다. 여기서 몇 가지 예를 들어 보겠다.

한자어	우리말	영어
인력	끌힘	attraction
척력	밀힘	repulsion
평형	비김	equilibrium
상호작용	서로작용	interaction
근사	어림	approximation
분광	빛띠	spectrum
자체 확산	스스로 퍼짐	self-diffusion
진동	떨기	vibration
장	마당	field
회절	에돌이	diffraction
격자	살창	lattice

13 나에게는 국민학교이다.

14 조선시대에 한글을 낮추어 일컫던 말이다.

한자어	우리말	영어
발광 다이오드	빛내는 다이오드	light-emitting diode
전단 응력	층밀리기 응력	shearing stress

물론 내가 보기에도 어떤 순우리말 물리학 쓰임말은 억지스럽거나 상당히 매끄럽지 않은 것도 있다. 그러나 대부분의 순우리말 물리학 쓰임말이 영어나 한자어보다 말하기 편하고 바로 알아들을 수 있어 좋게 보인다. 나는 아직도 '척력'이라는 쓰임말을 들으면 "척력의 '척'자가 한자어로, 물리칠 '斥'이지. 그러니 척력은 밀어내는 힘을 말하는구나."라고 한 번 더 생각해야 그 뜻을 정확하게 이해한다. 그러나 '밀힘'이란 순우리말 쓰임말은 바로 그 뜻을 알아채니 매우 편리하다. 이와 같이 한자어로 된 쓰임말은 많은 경우 한자 뜻을 되새겨야 뜻이 분명해지는 경우가 많다. 아직은 우리가 여전히 한자어로 된 쓰임말에 익숙하다 보니 순우리말 물리학 쓰임말들이 매우 낯설어 보이는 것은 당연하다. 그러나 자꾸 쓰다 보면 익숙해지게 된다. 이러한 순우리말 물리학 쓰임말이 다른 학문 분야에서도 널리 쓰였으면 좋겠다.

1장

측정

- **측정(測定)**
  1. 일정한 양을 기준으로 하여 같은 종류의 다른 양의 크기를 잼. 기계나 장치를 사용하여 재기도 한다.
  2. 헤아려 결정함.

- **measurement:**
  1. the act or process of measuring
  2. a figure, extent, or amount obtained by measuring : DIMENSION

'측정'을 이 책의 맨 처음으로 설명해야 할 쓰임말로 잡은 데에는 그럴 만한 이유가 있다. 모든 자연과학의 기초가 되는 물리학은 다른 자연과학의 방법론들이 다 그러하듯, 자연계에서 일어나는 **현상을 관찰**해서 과학적 사실을 찾아내고, 찾아낸 여러 과학적 사실들을 체계적으로 분석하여 하나의 이론을 완성하면, 이 이론을 이용하여 다른 자연 현상들을 설명하거나 새로이 벌어질 자연 현상을 예측하기도 한다. 여기에서 말하는 이론, 정확히 말해 과학 이론이란 물리학의 대상이 되는 물리량들 사이의 관계를 수학적으로 나타내어야 한다. 이미 물리'량'이라는 말 몸속에도 숨어 있지만, 물리학의 대상이 되는 물질 그리고 그것들의 성질 그리고 어떤 개념들은 수량화할 수 있어야 하고, 수량화하기 위해서는 관찰 과정에서 반드시 '측정'을 거쳐야만 가능하다. 여기에서 주목해야 할 두 낱말은 '현상'과 '관찰'이다.

1. 현상

- **현상(現狀)**: 나타나 보이는 현재의 상태
- **자연 현상(自然現象)**: 인간의 의지와 관계없이[1] 자연계에 나타나는 현상

- **phenomenon:**
  1. an observable fact or event
  2. a) an object or aspect known through the senses rather than by thought or intuition
     b) a temporal or spatiotemporal object of sensory experience as distinguished from a noumenon
     c) a fact or event of scientific interest susceptible to scientific description and expla- nation
  3. a) a rare or significant fact or event
     b) n exceptional, unusual, or abnormal person, thing, or occurrence

물리학에서 관찰하려는 **현상**, 보다 콕 집어 말하면 자연 현상이란 사진기로 찍은 것처럼 순간에 벌어진 일을 뜻하는 것이 아니다. 그보다는 어느 정도 긴 시간 간격을 두고 벌어지는 **변화**를 동영상처럼 찍는 과정이라고 보는 것이 더 맞다. 필연적으로 시간의 흐름을 동반한다는 뜻이다. 현상에 해당하는 영어 낱말 'phenomenon'을 설명한 위의 항목 2.-b)를 보자. 번역하면 '실체 또는 본체(noumenon)와 구분되는 경험적 인식의 시간적 또는 시공간적 대상'쯤 되겠다. 무슨 말인지 알아듣겠는가? 이 설명을 완벽하게 이

1 '인간의 의지와 관계없이'라는 전제는 철학적 논쟁을 일으킬 소지가 많은 전제이다. 엄밀하게 말하면 인간의 의지 역시 자연 일부이기 때문이다. 그러나 이러한 심오한 철학 논쟁은 이 책의 목적과는 사뭇 다르기에 여기서는 그냥 넘어가도록 한다.

해하려고 하지 않아도 이 책을 읽는 데는 아무런 문제가 없다. '시간적'이라는 낱말의 뜻을 '시간의 흐름'이 동반된다는 정도만 이해해도 충분하다.

물론 예를 들어, 지금 여러분이 읽는 책의 가로 길이를 측정한다고 하면, 적당한 자를 가지고 책의 가로변 한쪽 끝을 자의 0점에 맞추고, 다른 한쪽 끝이 가리키는 자의 눈금을 읽으면 되므로, 반드시 책이나 자 그리고 측정하는 사람 모두 어떠한 변화를 겪지 않았다고 할 것이다. 그러나 우리가 길이를 재기 위해서는 자와 책을 '봐야' 한다.[2] 이 '보는' 과정에서 필연적으로 관찰 대상, 관찰자 그리고 측정 도구 사이의 서로작용이 변화를 일으킨다. 다시 말하면, 우리가 무엇인가 재려면 재는 대상을 '건드려서' 변화를 일으키고 그 변화가 어떻게 일어나는지 봐야만 잴 수 있다는 것이다. 이 과정에서 시간의 흐름은 피할 수 없다. 보는 과정에서 우리는 한 순간에 어떤 변화를 알아챌 수는 없고, 조금 복잡하게 설명하자면, 우리의 시신경이 반응하기 위해서는 적어도 수천분의 1초 동안 빛이 시신경을 자극해야만 가능하다. 이러한 과정을 더욱 잘 보여주는 예가 온도를 재는 것이다.

흔하지는 않지만, 요리를 하다 보면 냄비에 든 물의 온도를 재야 하는 경우가 있다. 물의 온도를 재는 것은 간단하다. 온도계를 가져다 냄비의 물에 넣고 눈금의 변화가 그칠 때까지 기다렸다가 온도를 읽으면 된다. 온도계를 물에 넣고 기다리는 이유가 무엇인가? 물의 온도가 온도계 자체의 온도와 달라서 온도계를 물에 넣고는 둘의 온도가 같아질 때까지 기다려야 한다. 이렇게 해서 잰 온도는 원래 재려 하였던 온도인가? 아주 우연히 물에 넣기 전의 온도계 자체의 온도와 물의 온도가 같다면 이렇게 잰 온도가

2　'보는 과정을 구체적으로 설명하려면 우선 광원에서 출발한 광양자가 보려는 물체에 부딪치고 반사되어…'로 시작하는 매우 복잡해 보이는 설명을 해야 한다. 여기서는 이것이 중요한 것이 아니기에 건너뛰었다.

원래 재려는 온도다. 그러나 이런 경우는 매우 드물다. 그렇다면 온도계가 잰 온도는 원래 재려는 온도가 아닌데 어떻게 원래의 온도를 알 수 있나? 온도계를 물에 넣었을 때 물의 온도가 변하기는 하지만 현재 우리의 기술로 알아챌 정도가 되지 않는다면 원래 재려던 온도라고 보아도 무방하다. 따라서 온도계는 작을수록 좋다. 비록 우리가 일상생활에서 접하는 거시 세계에서는 이 변화가 미미하여 관찰에 심각한 영향을 끼치지는 않을 수도 있지만, 미시 세계에서 벌어지는 자연 현상을 관찰할 때는 관찰 대상, 관찰자 그리고 측정 도구 사이의 서로작용이 무시할 수 있는 수준이 아니어서 관찰의 객관성을 담보하기 어려울 수도 있다.

여기서 곁가지 하나. 우리말로는 '현상'과 '자연 현상'이 선명하게 구분된 것처럼 보이지만 영어 낱말 'phenomenon'의 설명을 보면 이러한 구분이 이루어지지 않고 있다. 곧, phenomenon 속에 이미 자연 현상(natural phenomenon)이라는 뜻이 들어 있다. 특히 2.-c) '과학적 관심을 받는, 과학적 묘사와 설명에 민감한 사실 또는 사건'이라는 설명 항목을 보면 (자연)현상이란 과학적 탐구의 대상이라는 것이 분명하다. 비록 뜻에 약간의 다름이 있지만 표준국어대사전에서는 설명 2.-a)만을 '자연 현상'을 설명하는 것으로 되어 있다. 이러한 차이가 영어 또는 유럽 언어를 모국어로 쓰지 않는 사람들이 물리학을 공부할 때 느끼는 비애이다.

자연 현상에 대해서 우리는 종교적인 믿음과는 다르지만 매우 확고한 믿음을 가지고 있다. 곧, 자연 현상은 그 나름대로 언제나 **일관성**을 가지고 일어난다는 것이다. 해를 예로 들자면, 오늘 아침에 해는 동쪽에서 떠올랐다. 물론 어제도, 그제도, 아니 수년, 수십 년 전에도 해는 아침에 동쪽에서 떠올랐다는 것을 우리는 알고 있다. 따라서 내일 아침에도 해는 동쪽에서 떠오를 것이라고 예측한다. 이와 같이 자연 현상은 일관성을 가지고 일어난다. 그 일관성, 곧 규칙을 찾아내는 일이 자연과학자들의 일이다.

나는 2005년 가을 학기에 새로운 대학으로 이직을 하였는데, 마침 'BK21'이라 불리는 대학원생들의 연구 활동을 지원하는 과제를 따기 위해 학과 단위로 계획서를 작성해야 했었다. 비록 이 학과에 부임한 것으로만 치면 초짜 교수였지만, 이직을 한 나는 당시 이미 쉰 살이 넘었으니 어느 분의 표현대로 '원로 같은 초짜' 교수였던 터라 계획서 작성 전반을 지휘하는 입장이었다. 다행히 내가 속해 있던 학과는 이러한 계획서나 보고서를 작성할 때 매우 조직적이고 체계가 잘 잡혀 있어서, 학과 구성원 중 비교적 젊고 활동적인 교수들을 중심으로 한 달 이상 모여 계획서 작성에 필요한 회의도 하고 계획서를 작성하면서 함께 보내는 시간이 많았다.

그런데 계획서 작성이 지지부진하거나 피로감이 몰려오면 함께 계획서를 작성하던 교수들 중 가장 젊은 교수와 다른 한 명의 중견 교수는 당시 유행하던 '스타크래프트'라는 컴퓨터 게임 실황을 중계하는 케이블 티브이 방송을 빔프로젝터에 연결하여 커다란 스크린에 켜 놓고 한 시간이고 두 시간이고 시간 가는 줄도 모르고 들여다보고 있었다. 이 게임에 대해 전혀 아는 바가 없던 나는 이러한 행동이 이해되지도 않았을뿐더러 매우 조잡해 보이는 동영상을 어떻게 그리 오래 들여다볼 수 있는지 경이로웠다. 과연 그들과 나는 무엇이 서로 다르기에 똑같은 게임 중계 영상을 보며 다르게 반응하는 것일까? 분명한 차이점은 이것이다. 그들은 게임의 규칙을 알고 있었고 나는 모르고 있었다. 특히 그 게임에 특화된 쓰임말들은 비록 그것이 우리 일상생활에서 흔히 쓰이는 낱말임에도 불구하고 나에게는 매우 오래된 고대어이거나 먼 우주에서 온 낱말 같았다.

또 다른 예를 들어 보자. 전세계적으로 인기를 끈 드라마 〈오징어 게임〉의 첫 회 방영분을 보면 화면에서 어린이들이 놀고 있는 장면이 나온다.

오징어 게임의 규칙을 설명하는 해설이 이 화면의 배경으로 흐르고 있다. 만일 이 해설이 빠진 채로 화면만 흘러나왔다면, 드라마를 보는 사람들의 궁금증을 자아내는 데는 성공할 수 있었겠지만 뒤에 오징어 게임의 규칙을 말이나 다른 영상으로 설명해야 했을 것이다. 왜냐하면 게임의 규칙을 모르는 채로 드라마를 보다 보면 이해가 되지 않는 장면들이 많아져 극의 흐름을 파악하는 데 많은 어려움을 겪기 때문이다.

그것이 컴퓨터 게임이든, 야구, 축구 등의 스포츠 게임이든, 바둑, 장기와 같은 여가 게임이든, 그 게임에 직접 참가하는 사람이나 이를 구경하는 사람 모두에게 게임의 쓰임말과 규칙에 대한 이해도가 그 게임을 즐길 수 있는 정도를 결정해 준다. 규칙과 쓰임말을 제대로 알고 있으면 우리는 그 게임을 즐길 수 있지만, 규칙과 쓰임말을 모르고는 아무런 감흥을 느낄 수 없다. 그래서 나에게 스타크래프트나 골프는 한없이 지루하고 재미없는 게임이다. 왜? 규칙과 쓰임말을 모르니까. 규칙과 쓰임말을 모르고는 우리는 어떠한 것도 즐길 수가 없다. 다른 모든 것처럼 자연을 즐기는 것도 자연에 깃든 규칙을 '제대로' 알면 더욱 재미있게 즐길 수 있다.

2. 과학적 방법론

자연 현상에 깃든 일관성, 곧 규칙을 찾아내 이론화하는 것이 과학자의 일이라면 물리학을 뜻하는 영어 낱말 'physics'보다는 우리말, 엄밀하게 말하면 한자어인 '물리'가 이것에 더 적합해 보인다. 과학[3]을 뜻하는 영어 낱말

3 영어 낱말 'science'를 과학(科學)이라 번역한 것은 일본인들이 서구 문물을 받아들이며 여러 가지의 쓰임말, 특히 과학 쓰임말을 한자어로 번역하는 과정에서 벌어진 수많은 오류

'science'는 라틴어 'scientia'에서 유래하였으며 '지식' 또는 '배움'을 뜻한다. 그리고 'physics'는 그리스어 'φυσική'[4]에서 유래한 것으로 '자연'을 뜻한다. 곧, 'physics'란 '자연에 대한 지식'을 뜻한다고 할 수 있다. 하지만 우주 만물을 뜻하는 '물건 물(物)'자와 깨달음 또는 이치를 뜻하는 '다스릴 리(理)'자로 이루어진 '물리'학은 **우주 만물에 깃든 이치를 깨치는 학문**이라는 뜻이 들어 있어 영어인 physics보다 원래의 뜻에 더 잘 들어맞는다. 따라서 우주 만물에 깃든 이치를 깨치는 것이 물리학자의 일이다. 이제 물리학자, 나아가서는 자연과학자들이 어떤 일을 하는지 살펴보자.

우선 자연 현상을 잘 '관찰'하면서 어떤 문제를 인식하여야 한다. 문제를 인식하라고 말하면 여러분에게는 이것이 매우 막연하게 들릴 것이다. 이를 풀어서 쉽게 말하면 호기심을 가지라는 뜻이다. 일반인에게는 너무도 자명한 사실이라도, 예를 들어 "해는 왜 동쪽에서만 떠오를까?" "하늘은 왜 푸른색일까?" "왜 강물은 늘 하류로만 흘러갈까?" 등등의 간단한 질문에서부터 "우주는 어떻게 시작하였을까?" 등의 더 복잡하고 대답이 간단치 않은 질문까지 다양한 호기심을 가지라는 것이다. 쉽게 말해 늘 '왜?'라고 질문하라는 것이다.

일단 호기심이 생기면 그 호기심을 풀기 위해 간단한 가설을 세워 보자. 땅 위에서 돌멩이 같은 어떤 물체를 손에 들고 있다 놓으면 그 물체는 **당연히** 아래로 떨어진다. 물리학자의 호기심은 이렇게 당연히 벌어지는 일에도 '왜?'라고 질문한다. 왜 **꼭** 아래로만 떨어질까? 이 물음에 답하기 위해 아

중 하나이다. 도대체 과목 '과(科)'자가 'science'와 무슨 관련이 있는지 이해하기 힘들다. 이런 오류에 대해 일본인들이 'science'를 '여러 갈래로 분류되는 학문'이라고 오해했기 때문 이라는 설명도 있다.

4 이 낱말의 반의어는 ψυχή로 마음 또는 영혼을 뜻하므로 φυσική는 육체 또는 물질을 뜻한다.

주 오래전 옛날 사람들의 생각을 들어 보자. 그들은 우주 만물은 모두 흙에서 왔으니 흙으로 돌아가려는 본성이 있다고 생각하였다. 일종의 귀소본능이다. 따라서 돌멩이를 손에 들고 있다 놓으면 자신의 원래 고향, 곧 땅으로 돌아가려 한다. 그래서 땅 위에서 물체를 들고 있다 놓으면 아래로(땅으로) 떨어지는 것이다. 만일 내가 일반 물리학 강의 시간에 물체가 아래로 떨어지는 현상에 대해 이렇게 설명하면, 내 강의를 듣고 있던 학생들은 아마도 어리둥절하면서 나의 물리 실력에 심각한 의심을 품을 것이다.

그렇다면 이러한 가설은 어떠할까? 물리학 시간에 배우기를 질량을 가진 물체 사이에서는 중력이라는 것이 작용하는데, 손에 든 돌멩이와 지구도 질량을 가진 물체들이니 둘 사이에 중력이 작용하고 중력은 끌힘만 있으므로 서로 잡아당긴다. 이렇게 해서 벌어지는 일이 우리에게는 지표면 위에서 물체를 들고 있다 놓으면 아래로 떨어지는 현상으로 **보이는** 것이다. 어떤가? 여러분은 둘 중 어느 가설을 그럴듯한 가설이라고 생각하는가?

첫 번째 가설은 매우 명쾌하게 물체가 아래로 떨어지는 이유를 **그럴듯**하게 설명하였고, 더 이상 '왜?'라는 질문을 할 수 없게 만든다. 그러나 이러한 가설이 무언가 너무도 '비과학적'이기 때문에 우리는 찝찝해한다. 그런데 두 번째 가설은 어떠한가? '과학적'으로는 그럴듯하지만, 아직 부족하다. 물체가 아래로 떨어지는 것에 대해 그럴듯하게 설명한 것 같지만 아직도 다음과 같은 의문이 남는다. 질량을 가진 것들 사이에는 **왜** 중력이 작용하는가? 중력이란 무엇인가? 질량이란? 등등의 물음이 끊임없이 이어진다. 우리가 이렇게 계속해서 '왜?'라는 물음을 던지면 언젠가 우리는

"에이, 그 이상은 나도 모르겠어."

라든가,

"그 이상은 아무도 모를 거야."

라든가, 아니면

"그것은 조물주나 알겠지."

라고 말해야 하는 상황이 된다. 이렇게 되면 그때의 '왜?'라는 물음에 대한 답변은 이제는 물리학의 영역이 아니라 철학과 종교의 영역으로 넘어가게 되므로 이 책의 관심 밖에 있다. 이런 이유로 비과학적이기는 하지만 첫 번째 가설이 나에게는 매우 매혹적으로 다가온다.

물리학자, 나아가서는 모든 자연과학자는 첫 번째 가설의 명징성에 매력을 느끼면서도 이를 포기한다. 왜냐하면 이러한 가설을 받아들이면 더 이상 과학이 설 자리가 없기 때문이다. 두 번째 가설만을 '과학적' 가설 또는 '교육받은' 가설이라 하여 받아들인다. 그렇다면 과학적 가설이란 무엇인가?

과학적 가설은 검증, 특히 '오류 검증'이 가능하거나, 적어도 오류 검증을 할 수 있는 방법이 제시된 가설을 말한다. 가설 자체가 내재적으로 자신이 틀렸다고 검증할 수 있거나, 아니면 적어도 틀렸다고 검증할 방법이 제시되어 있어야 한다. 오류 검증에 대해 아인슈타인은 "아무리 많은 실험적 사실이 내 이론과 잘 일치한다고 하더라도 내 이론이 맞다는 것을 증명한 것은 아니지만, 내 이론과 일치하지 않는 **단 하나**의 실험이면 내 이론이 틀렸다는 것을 증명하기에 충분하다.[5]"고 말했다. 수많은 실험이 아니라 단 하나면 충분하다. 물론 그 실험이 제대로 이루어진 것이어야 하는 것은 말할 필요도 없다.

두 번째 가설에서 마지막 '왜?'라는 물음 이전 적당한 곳 어디선가는 더 이상 '왜?'라는 물음을 멈추고 그 이상은 물리의 영역이 아니라고 포기해야 하는 지점이 생긴다. 만일 어떤 지점이 이런 물음을 멈추는 지점이라

5 No amount of experimentation can ever prove me right; a single experiment can prove me wrong.

고 생각하고 나면 이제 물리학자들은 더 이상 무엇을 할 수 있는 것인가? 사실은 이 지점부터가 물리학자들이 작업을 시작하는 지점이다.

이제 '왜?'라는 물음에 물리학적으로 답하는 데 한계에 도달하였으니 물음을 바꾸어 보자.

- 모든 물체가 아래로 떨어지는 것이 자명하다면 아래로 **어떻게** 떨어지는가?
- 일정한 속력으로 떨어지는가?
- 가벼운 물체가 무거운 물체보다 빨리 떨어지는가?
- 해수면 가까이에서 떨어지는 물체와 에베레스트산 꼭대기에서 떨어지는 물체가 같은 방식으로 떨어지는가?
- 달 표면에 가도 여전히 물체는 달 표면을 향해 '아래로' 떨어지는가?
- 달 표면에서 떨어지는 물체가 지구 표면에서 떨어지는 물체와 같은 방식으로 떨어지는가?
- 태양 표면에서는?

이밖에도 떨어지는 물체에 대해 던질 수 있는 질문은 셀 수 없이 많다.

바로 이 '어떻게?'에 대한 답변을 하기 위해 세우는 가설을 가리켜 '모형'이라 한다. 지표 위에서 떨어뜨린 물체가 아래로 떨어지는 현상을 '물리학'적으로 설명하기 위해 우리는 **중력 모형**이라는 것을 도입한다. 중력이면 그냥 중력이지 '중력 모형'은 또 무엇이란 말인가?

"이렇게 복잡해지니 물리학이란 게 재미없고 어려워지는 거지."
라고 생각하시겠지만 잠깐만 이러한 복잡함을 너른 마음으로 이해하시기 바란다.

모형이란 무엇인가? 건축가를 생각해 보자. 건축물을 설계하는 사람들은 3차원 공간에 세워야 할 건축물에 대한 세세한 정보들을 포함한 설계도를 2차원 평면에 그려 넣는다. 이분들은 2차원 평면에 그려진 설계도만 보고도 3차원 공간에 세워질 건축물을 머릿속에서 멋지게 세워낼 수 있는 빼어난 재주를 가진 분들이다.[6] 문제는 설계자 자신도 실제로 자신이 만든 설계도대로 건축물을 시공하였을 때 자신이 예상하였던 대로 건축물이 지어질 것인지 확신하기 어렵다는 것이다. 그래서 실제 건축물의 축소판에 해당하는 '모형'을 만들어 검증한다. 물론 요즘은 이 역할을 컴퓨터의 3D 그래픽이 대체하였지만 그래도 여전히 수고스럽게 모형을 만들어야 할 때도 있다. 이처럼 모형이란 실제 본체를 축소한 모양으로 본체와 닮은꼴이다.

과학적 모형이란 이렇게 건축물의 모형처럼 본체를 축소하여 나타내는 것은 아니지만 닮은꼴인 것은 확실하다. 그리고 과학적 모형은 '실제로 존재'하는 것은 아니다. 눈에 보이거나 손으로 만질 수 있는 것이 아니라 우리의 머릿속에 있는 가상의 존재이다. 여기에서 한 가지 중요한 것은 건축 설계도의 경우 건물의 너비, 높이, 창문의 크기와 위치 등등의 정보를 나타내는 숫자가 가득 적혀 있는 것처럼 과학적 모형도 엄밀하게 말하면 '수학적'이다. 또한 건축물 모형이 원래 건축물의 닮은 꼴이기는 하지만 매우 자세한 것들이 많이 생략되기 마련이듯이, 중력 모형에서는 물체를 떨어뜨리면 나타나는 공기의 저항이나 바람의 영향 등은 무시하고(생략하고) 오로지 중력만을 고려한다.

물체가 지표면 위에서 '어떻게' 떨어지는지 설명하기 위해 만든 중력 모형은 '질량을 가진 두 물체 사이에 작용하는 중력의 크기는 두 물체 사이

6 사실 이 능력은 물리학자에게도 꼭 필요한, 부러워할 만한 능력이다.

의 거리의 제곱에 반비례하고……'라는 상당히 복잡한 묘사를 필요로 하지만, 여기서는 그저 질량을 가진 두 물체 사이의 거리가 멀어지면 중력도 약해진다는 정도만 알고 있으면 현재로는 충분하다. 사실 물리학자들은 중력이 '실제'로 존재하는지 알지 못한다. 아니, 중력의 실존 여부에 대해서는 관심을 두지 않는다. 왜? 모형이니까. 모형이 물리학자 또는 자연과학자들에게 주는 심리적 위안은 매우 크다. 이제 골치 아픈 '왜?'라는 질문을 그치고, 물리학자 본연의 일, 곧, '어떻게?'라는 질문에만 답하도록 집중할 수 있으니 말이다.

이러한 모형을 세웠다면 이 모형을 이용하여 물체가 지표면 위에서 '어떻게' 떨어지는지 예측해 보자. 결론부터 말하면 이 예측은 '수학적'이어야 한다. 앞에서 중력 모형을 가리켜 '질량을 가진'으로 시작하는 문장을 사용하였는데, 이 문장에 나오는 두 개의 낱말, '질량'과 '거리'에 대해 생각해 보자. '질량(質量)'이라는 낱말은 이미 낱말 자체에 크기를 뜻하는 '량(量)'자가 들어 있으니 무엇인가 크기를 말한다는 것을 쉽게 알 수 있다. '거리' 또한 마찬가지이다. 거리가 '멀다'거나 '2킬로미터 정도 된다'거나처럼 역시 무엇인가 크기를 말한다는 것을 알 수 있다. 물리학에서는 이렇게 크기를 말할 수 있는 쓰임말들이 많은데 이들을 가리켜 '물리량'이라 한다. 물리학이란 이런 물리량들 사이의 관계를 찾아내는 학문이다. 물리량이 수치로 표현되니 당연히 물리량들 사이의 관계도 '수학적'으로 나타내야 한다. 이래서 수학을 물리학의 언어라고 한다. 이 관계식을 적절히 이용하여 결과를 예측할 수 있다. 자, 이제 결과를 예측하였으니 다음은 무엇인가? 갈릴레이는 땅 위에서 물체를 자연스레 떨어뜨리면 물체가 떨어진 거리는 떨어지는 데 걸린 시간의 제곱에 비례한다고 하였다. 곧, 물체를 떨어뜨리면 처음 1초 동안에는 대략 5미터 떨어지고, 2초 후에는 20미터 떨어진 곳에 있고, 3초 후에는 45미터 떨어진 곳에 있다는 것이다. 이를 입증하려면 어찌 해야 하나? 다행히도 자연과학에는 인문학이나 사회과학에는 없는, 이론의 맞고 틀림을 검증할 수 있는 수단이 있다. 빠른 분들은 이미 눈치를 챘겠지만, 아인슈타인의 오류 검증에 대한 언급을 보면 바로 검증 수단이 '실험'[7]이라는 것을 알 수 있다. '땅 위에서 물체를 자연스레 떨어뜨리면 물체가 떨어진 거리는 떨어지는 데 걸린 시간의 제곱에 비례한다.'는 갈릴레이의 중력에 대한 주장은 실험을 통해 옳고 그름을 가늠할 수 있다. 이렇게 해서 처음 세웠던 가설로부터 이끌어낸 결론이 잘 들어맞는다는 것을 실험을 통해 검증하였다면 이 결과를 간단한 수식으로 이론화해서 과학자의 일이 한 가닥 매듭지어진 것이다.

이 과정을 다시 정리해 보자.

1. 문제를 인식한다.
2. 문제 해결을 위해 그럴듯한 가설, 곧 과학적 가설을 세운다.
3. 가설로부터 결론을 예측한다.
4. 예측한 결론이 맞는지 검증을 위한 실험을 실시한다.
5. 실험으로 가설의 타당성이 입증되면 그 규칙을 간단한 수식으로 나타내 이론화한다.

7 '실험'이라 하면 "통제된 환경 아래…"로 시작하는 매우 고급스러운 설명이 있는데, 우리는 여기서 그러한 고담준론은 빼고 그냥 다양한 과학자들의 실험실을 한 번 떠올리는 것으로 충분하다.

3. 관찰

- **관찰(觀察)**: 사물이나 현상을 주의하여 자세히 살펴봄. ≒찰관.

- **observation**
  1. a) an act or instance of observing a custom, rule, or law
     b) an act or instance of watching
  2. a) an act of recognizing and noting a fact or occurrence often involving measurementwith instruments
     b) a record or description so obtained
  3. the condition of one that is observed

앞에 말한 과학적 방법론의 첫 번째 단계와 네 번째 단계에서 중요한 역할을 하는 것이 '관찰'이다. 그런데 같은 관찰이라 하더라도 첫 단계의 관찰과 네 번째 단계의 관찰은 약간의 차이가 있다. 문제 인식 단계에서의 관찰은 때때로 아주 세심한 주의를 기울이지 않고도 이루어지는 경우가 꽤 있지만 실험 단계에서의 관찰은 측정을 포함한 매우 세심한 주의를 기울여야 한다. 물론, 이 둘의 차이를 선명하게 가를 수 있는 것은 아니다. 표준국어대사전은 관찰을 단지 '문제인식 단계의 관찰'에만 가두어 버리고 있다. 그러나 메리엄-웹스터 사전은 위에서 말한 미묘한 차이를 구체적으로 언급하였다. 특히 '종종 도구를 이용한 측정을 수반하는'이라고 2번 항목에서 과학적 관찰에 대해 매우 정확하게 묘사하고 있다.

과학적 관찰이란 우리가 관심이 있는 계를 단순하게 가만히 '들여다보는' 것을 뜻하는 것이 아니다. 이것은 문제인식 단계에서의 관찰 역시 마찬가지이다. 들여다보되 **비판적인** 시각을 가지고 들여다보아야 한다. 우리는 일반적으로 청명한 가을 하늘을 '들여다보며' 시원함을 느낀다. 그런데 과학자들은 이러한 파란 가을 하늘을 '관찰'하면서 물음을 내뱉는다.

"왜, 하늘은 하필이면 파랗지?"

"왜, 가을에는 이 푸르름이 더 짙어지고 하늘이 더 높아 보이지?"

더 나아가서는

"같은 하늘인데 낮에는 파랗다가 저녁이 되어 노을이 지면 왜 붉게 변하지?"

푸르른 하늘을 보며 그냥 즐기면 되지 무엇 때문에 '괴상한' 질문이나 하고 있냐고 묻지 마시고, 과학자들이란 그저 그렇게 생겨 먹었다고 이해하시기 바란다. 물론 과학자들이라고 푸르른 하늘을 보며 일반인들처럼 즐기고 싶지 않겠는가? 다만, 적어도 내 경우는 자신이 품은 이러한 의문을 풀기 전까지는 아직 이러한 것들을 제대로 즐길 준비가 되지 않았다고 생각한다. 하지만 과학자들도 자신의 호기심을 불러일으키지 않는 현상에 대해서는 일반인들처럼 그냥 느끼고 즐기니 과학자들을 너무 이상한 사람으로 취급하지는 않길 바란다.

4. 계

● **계(系)**

1. 『수학』 어떤 명제나 정리로부터 옳다는 것이 쉽게 밝혀지는 다른 명제나 정리. ≒따름, 따름 정리.
2. 『지구』 지질 시대 구분단위의 하나인 기(紀)에 쌓인 지층.
3. 『철학』 어떤 명제나 정리로부터 옳다는 것이 쉽게 증명되는 다른 명제나 정리.
4. 『화학』 경계나 수학적 제약으로 정의된, 실제 또는 상상적인 우주의 일부분. 주위와의 관계에 따라 닫힌계, 열린계, 고립계로 구분된다.

● **system**

1. a regularly interacting or interdependent group of items forming a unified whole.
   a) i. a group of interacting bodies under the influence of related forces.
      ii. an assemblage of substances that is in or tends to equilibrium.
   b) i. a group of body organs that together perform one or more vital functions.
      ii. the body considered as a functional unit.
   c) a group of related natural objects or forces.
   d) a group of devices or artificial objects or an organization forming a network espe- cially for distributing something or serving a common purpose.
   e) a major division of rocks usually larger than a series and including all formed dur- ing a period or era.
   f) a form of social, economic, or political organization or practice.
2. an organized set of doctrines, ideas, or principles usually intended to explain the ar- rangement or working of a systematic whole.
3. a) an organized or established procedure
   b) a manner of classifying, symbolizing, or schematizing
4. harmonious arrangement or pattern
5. an organized society or social situation regarded as stultifying or oppressive

'계'는 물리학뿐만 아니라 모든 자연과학, 심지어 우리 일상생활에서 매우 널리 쓰이는 낱말로 표준국어대사전의 4번이 물리학에서 말하는 계에 가장 가깝다. 다만, 분야를 『화학』이라 하였는데 『물리』가 더 적절하다. 그리고 '닫힌계, 열린계, 고립계로 구분된다.'고 하였는데 고립계와 닫힌계 또는 독립계 등은 거의 같은 뜻으로 쓰인다. 메리엄-웹스터 사전은 '계(system)'에 대한 설명이 매우 구체적이고 쓰임새 또한 다양하다는 것을 잘 보여준다. 특히 물리학에서 쓰는 계는 설명 항목 1.-a)에 들어 있다. 그러나 내가 보기에는 '계'에 대한 개념을 정확하게 나타내지는 못하였다.

자연과학, 특히 물리학에서 말하는 '계'란 무엇인가? 쉽게 말해 '계'는 '우리가 관심이 있는 우주의 일부 공간'을 말한다. 보다 구체적으로 말하면, 만일 우리가 우주 안의 어떤 특정한 물체들 또는 물질의 움직임에 대해 알고 싶어 한다면, 이때 '계'는 이들이 놓여 있는 공간을 뜻한다. 여기서 중요한 것은 '계'가 **닫힌곡면**으로 둘러싸여 있다는 것이다. 이 닫힌곡면 안에는 우리가 관심을 가지는 물체들 또는 물질 이외에 다른 물체나 물질이 없어야 한다. 바로 이 닫힌곡면이 계와 외부를 가르는 경계면이다.

이 경계면은 다음과 같은 성질을 가진다.

- 가상의 곡면일 수도 있고 구체적인 물질 또는 물체로 이루어졌을 수도 있다. 말, 마부, 마차, 그리고 지구를 생각해 보자. 만일 우리가 '이 네 개의 물체가 어떻게 서로작용하고 움직이는가?'에 관심이 있다면 이때 경계면은 이 네 물체를 모두 아우르는 닫힌곡면으로 정해진다. 그러나 단지 말의 움직임에만 관심이 있다면 경계면은 단지 말만을 품을 것이다. 이때의 경계면은 말의 피부 바로 바깥에 있고, 말의 신체를 모두 아우르는 닫힌곡면이 된다. 반면에 현재 여러분이

자신의 집 안방에 있다고 가정하고 '아무런 가구도 없이 빈 안방의 공기 분자들의 움직임은 어떻게 되나?' 하고 관심을 갖는다면 이때의 경계면은 안방의 천장과 바닥, 그리고 네 벽면이 될 것이다.

- 시간에 따라 모양과 크기가 얼마든지 바뀔 수 있다. 앞에서 예로 든 말의 경우를 생각해 보자. 말이 계속 움직여 처음에 정해 놓았던 경계면을 빠져나가려 하면 우리는 말이 뚫고 나가려는 경계면을 늘여서 계속하여 말이 경계면 안에 있도록 경계면의 모양을 바꾸어 주어야 한다. 또한 말만이 우리의 관심이므로 만일 마차가 경계면 안으로 들어오려 하면 경계면을 줄여서 마차는 경계면 밖에 있도록 해야 한다. 그러나 계의 모양을 바꾸어 주기 위해 우리가 실제로 어떤 행동을 해야 하는 것은 아니다. 단지 우리의 머릿속으로 가상의 경계면을 적절히 바꾸어 주면 된다.
- 외부의 물체 또는 물질과 서로작용을 허용하기도 하고, 물체 또는 물질 그리고 에너지가 드나듦을 허용하기도 한다.

5. 무엇을 잴 수 있나?

관찰하는 과정에서 우리는 물리량을 '재야' 한다. 그것은 물리량을 수량화하기 위해서 필연적으로 수행해야 하는 과정이다. 무언가를 재기 위해서는 우리 오감, 곧 듣기, 만지기, 냄새 맡기, 맛보기, 그리고 보기를 통해서 관찰하고 무언가를 잰다. 우리는 일상생활에서 잴 수 있는 것이 많다고 생각한다. 생선의 무게를 재고, 몸무게도 재고, 체온도 재며, 시간도 잰다. 이렇게 보면 잴 수 없는 물리량은 없어 보인다. 어찌 보면 이것은 당연하다. 왜냐하면 잴 수 없다면 그것은 물리량이 아니기 때문이다. 실제로 일상생활에서 보면 무엇이든 잴 수 있는 것 같기도 하다. 그러나 곰곰이 생각해 보면 우리가 잴 수 있는 것은 '길이'를 제외하고는 없다.

인간의 오감을 이용한 측정이 전혀 불가능한 것은 아니다. 예를 들어 우리는 물체를 손으로 만져 보고 따스한 정도를 가늠할 수 있다. 그러나 만져 보기만 해서는 그 물체의 온도가 **몇 도**인지 알 수 없다. 음식을 먹을 때 짠맛의 정도를 느낄 수 있다. 그러나 라면이 칼국수보다 **몇 배**나 짠 것인지 맛만 보아서는 알지 못한다. 대포 소리가 낙엽이 부스럭거리는 소리보다 훨씬 크다는 것을 알 수 있지만 대포 소리가 낙엽이 부스럭거리는 소리보다 **몇 배**나 큰지 듣기만 해서는 알 수 없다.

어느 지상파 TV 방송국에서 방영하는 '생활의 달인'이라는 프로그램에 나온 '솜이불의 달인'은 저울도 없이 손끝의 감각만으로 솜의 무게를 정확하게 측정하는 모습으로 시청자들을 놀라게 하였다. 우리 주변에는 의외로 이러한 능력을 갖춘 사람들이 꽤 많다. 그러나 이들의 능력을 우리가 확인하려면 우리 같은 일반인은 어쩔 수 없이 저울을 사용하여 확인할 수밖에 없다. 여기서 여러분은 눈치를 챘겠지만, 무엇을 잰다는 것은 단지 재려는 물리량을 수량화하는 것만을 뜻하는 것이 아니다. 나 이외의 다른 사람들도 내가 잰 것에 동의를 해야 한다. 이를 조금 어렵게 말하면 '측정은 정확성과 정밀성 그리고 객관성을 담보해야 한다.'고 한다.

과연 어떻게 해야 정확성과 정밀성, 객관성을 담보할 수 있나? 여기 적당한 길이의 똑바르게 펴진 철사가 있다고 생각해 보자. 이 철사의 길이를 재기 위해서는 우선 자가 필요하다. 책상 서랍을 뒤져 보니 30센티미터 자가 있다. 철사의 길이를 보니 이 자보다는 짧아서 철사의 한쪽 끝을 0점에 맞추고 다른 한쪽 끝의 눈금을 읽으니 23.3센티미터보다는 조금 길고

23.4센티미터보다는 짧았다. 그래서 이 철사의 길이는 23.36센티미터라고 하였다. 이렇게 길이를 재는 과정을 잘 살펴보면 우리가 주의를 기울여야 하는 몇 가지 점이 있다.

우선 '자'의 중요성을 조금 더 자세히 따져 보자. 자 없이 철사의 길이를 잴 수 있나? 그럴 수 없다는 것은 자명하다. 무엇인가 재려할 때 도구 없이 잴 수는 없다. 곧, 모든 측정에는 그 측정에 적합한 **측정 도구**가 필요하다. 무게를 잴 때는 저울이, 시간을 잴 때는 시계가, 체온을 잴 때는 체온계가 필요하기 마련이다. 이런 측정 도구 없이 우리는 아무것도 잴 수 없다. 우리가 사용하는 자는 그 종류가 매우 많은데 특히 최소 눈금이 다른 경우가 많다. 우리가 가장 흔하게 쓰는 30센티미터 자는 그 최소 눈금이 1밀리미터 단위까지 표시된 것이 대부분인데 간혹 5밀리미터 또는 1센티미터 간격으로 표시된 자도 있다. 수십 미터의 길이를 재는 줄자의 경우 그 최소 눈금이 미터인 것도 있다. 최소 눈금의 간격이 적을수록 더 정밀한 자이다. 그러나 정밀한 자가 더 정확한 자라는 것을 보장하지는 않는다.

앞에서 예로 든 철사를 다시 생각해 보자. 두 사람이 같은 철사를 자신이 가지고 있는 최소 눈금이 1밀리미터인 30센티미터 자로 측정하였는데 한 사람은 23.34센티미터라고 하였고 다른 사람은 22.28센티미터라고 하였다. 물론 두 사람은 물리학에서 요구하는 측정 방식을 정확하게 준수하였고, 제3자가 이 두 사람의 자를 가지고 측정하였더니 똑같은[8] 결과를 얻었다면, 과연 누가 올바르게 측정한 것인가? 이 경우 우리는 어느 한 사람의 자 또는 두 개의 자 모두가 잘못 만들어지지 않았나 의심해야 한다. 자가 잘못 만들어질 수 있나? 그렇다. 자도 공장에서 만들어내는 생산품이다. 따

8 엄밀하게 말하면 늘 똑같은 결과를 낼 수 있는 것은 아니다. 뒤에서 다루겠지만 마지막 숫자는 관찰자에 따라 약간의 차이가 날 수 있다.

라서 얼마든지 불량이 날 수 있다. 그렇다면 불량품인지 아닌지를 어떻게 판가름할 수 있을까? 이런 판가름을 할 수 있는 어떤 기준이 있을까? 있다. 이런 기준을 가리켜 **국가 표준**이라 하고 한국표준과학연구원이 우리나라의 국가 표준을 유지·관리하고 필요하면 갱신하고 있다. 우리는 여기에서 '표준'이라는 낱말에 주의를 기울여야 한다.

● **표준[1](標準)**

1. 사물의 정도나 성격 따위를 알기 위한 근거나 기준. ≒준거.
2. 일반적인 것. 또는 평균적인 것.
3. 『물리』 물리량 측정을 위한 단위를 확립하려고 쓰는, 일반적으로 인정된 기준적 시료.

● **standard**

1. a conspicuous object (such as a banner) formerly carried at the top of a pole and used to mark a rallying point especially in battle or to serve as an emblem
2. a) a long narrow tapering flag that is personal to an individual or corporation and bears heraldic devices
   a) the personal flag of the head of a state or of a member of a royal family
   b) an organization flag carried by a mounted or motorized military unit
   c) BANNER
3. something established by authority, custom, or general consent as a model or example
   : CRITERION
4. something set up and established by authority as a rule for the measure of quantity, weight, extent, value, or quality
5. a) the fineness and legally fixed weight of the metal used in coins
   b) the basis of value in a monetary system
6. a structure built for or serving as a base or support

7. a) a shrub or herb grown with an erect main stem so that it forms or resembles a tree
   b) a fruit tree grafted on a stock that does not induce dwarfing
8. or standard petal
   a) the upper, large, often lobed petal of a papilionaceous flower (as of a pea or bean plant)
   b) one of the three inner usually erect and incurved petals of an iris
9. a musical composition (such as a song) that has become a part of the standard reper- toire
10. a vehicle with a manual transmission : MANUAL

물리학에서 쓰는 '표준'이라는 낱말의 뜻을 표준국어대사전에서는 '……일반적으로 인정된 기준적 시료'라고 하였다. 이 설명의 속뜻은 기준이란 변하지 않는 영원한 것이 아니라는 것이다. 쉽게 말해 표준이란 언제나 바뀔 수 있다. 그렇다면 이 국가 표준은 얼마나 믿을 수 있나? 국가 표준의 상위 개념은 당연히 국제 표준이다. 지금 우리나라는 흔히 말하는 미터법, 더 정확하게 말하면 국제단위계[9]를 쓰고 있다. 이 국제단위계에 해당하는 국제 표준을 관리하는 곳이 프랑스 생클루에 본부를 둔 국제 도량형국[10]이다. 이 국제 표준들은 국제 도량형국이 독자적으로 유지하는 것이 아니라 미터 협약에 가입한 나라들이 각자의 국가 표준을 유지하는데, 국제 도량형 총회에서 임명한 미터 협약 회원국의 각기 다른 나라의 18명 위원으

9 프랑스어로는 Système International d'unités. 약칭은 SI. 물리학에서는 MKS 단위계라고도 한다.

10 프랑스어: Bureau international des poids et mesures, 영어: International Bureau of Weights and Measures, 약칭 BIPM

로 구성된 국제 도량형 위원회에서 각 나라가 유지하고 있는 국가 표준들을 한데 모아 가장 적절하다고 판단되는 국가의 표준을 국제 표준으로 정한다. 따라서 어느 국가의 국가 표준이 얼마나 많이 국제 표준으로 선정되었느냐에 따라 그 나라의 국가 표준 역량을 가늠하기도 한다.

만일 세 사람에게 철사의 길이를 재 보라 했더니 첫 번째 사람은 23센티미터, 두 번째 사람은 23.4센티미터, 세 번째 사람은 23.36센티미터라고 했다고 하자. 세 사람 모두 잘못 잰 것도 아니고 그들이 사용한 자들도 올바른 것이라면 우리는 이 상황에서 어떤 정보를 얻을 수 있겠는가? 우리가 얻을 수 있는 정보는 세 사람이 쓴 자가 모두 다른데, 그 최소 눈금이 서로 다르다는 것이다. 곧, 첫 번째 사람의 자는 최소 눈금이 10센티미터, 두 번째 사람의 자는 최소 눈금이 1센티미터, 세 번째 사람의 자는 최소 눈금이 1밀리미터라는 것이다. 이를 바꾸어 말하면 우리가 무엇인가 길이를 잴 때는 자가 가지고 있는 최소 눈금의 10분의 1단위까지 나타내야 한다는 것이다. 따라서 마지막에서 두 번째 숫자는 믿을 수 있지만, 맨 마지막 숫자는 믿을 수 없다는 것이다.

우리가 자를 가지고 길이를 잴 수 있는 것은 자와 철사를 한자리에 놓고 **동시에** 볼 수 있기 때문이다. 바꾸어 말하면 자와 철사를 한자리에 놓고 **비교할** 수 있기 때문이다. 자와 철사를 따로 놓고, 자를 한 번 보고 난 다음에 철사를 보고 길이를 잴 수는 없다. 반드시 한자리에 놓고 동시에 보아야 한다. 그래야만 비교할 수 있기 때문이다. 이와 같이 무엇이든 재려면 측정 도구인 자와 측정 대상인 철사를 한자리에 놓고 비교할 수 있어야 한다.

이제 우리가 잴 수 있는 것이 왜 '길이'밖에 없는지 살펴보자. 우선 시각을 제외하고 측정 도구가 있는가? 온도를 재기 위해서는 온도계라는 측정 도구가 있다. 그러나 온도계를 **보아야** 온도를 알 수 있다. 곧, 다시 시각을 이용해야만 한다. 앞에서 말했듯이 우리는 촉각으로 따스한 정도를 **가늠할** 수는 있다. 그러나 촉각만을 이용하여 체온을 몇 도라고 말할 수 있나? 체온계를 보지 않고는 몇 도라 말할 수 없다. 전통시장에 가서 생선을 사려면 저울에 무게를 달아서 가격을 매기고 흥정도 한다. 저울에 올려놓은 생선의 무게가 몇 킬로그램인지 알려면 저울의 눈금을 **보아야** 한다. 우리는 그 생선을 들어올렸다, 내렸다 하며 무게를 **가늠할** 수는 있지만, 아까 말한 솜이불의 달인이 아니라면, 몇 킬로그램인지 알 수는 없다. 이처럼 무엇인가 재려면 반드시 측정 도구를 **들여다보는** 과정이 필요하다. 모두 시각을 동원해야만 재는 것이 가능하다.

그렇다면 각도는 어떤가? 각도 역시 각도기를 재야 할 대상과 한자리에 놓고 비교하여 재는 것 아닌가? 각도 역시 잴 수 있는 것은 맞다. 그러나 각도라는 것이 무엇인가. 각도를 재려면 두 개의 직선이 교차하는 곳에 각도기의 중심을 맞추고 0점을 조준한 후 각도를 읽는다. 그러나 다시 생각해 보면 각도는 엄밀하게 말해 길이를 재는 것이다. 각도를 잴 때 각도기를 이용하기도 하지만, 교차하는 두 직선의 교차점을 중심으로 잡고 적당한 반지름의 원을 그려 보면 두 직선과 만나서 호를 이룬다. 그 호의 길이와 반지름의 비를 구하면 그것 역시 각도를 말하는 것이다. 따라서 각도를 재는 것은 길이를 재는 것과 같다.

엄밀하게 말하면 저울은 무게를 재는 것이 아니다. 용수철저울을 생각해 보자. 용수철저울로 재는 것은 무게가 아니라, 용수철이 늘어난 '길이'를 재는 것이다. 온도계는 온도를 재는 것이 아니다. 온도계의 눈금은 어떻게 정해지는가? 우리가 흔히 사용하는 온도계는 가느다란 유리 대롱에 액체[11]를 담아 만드는데, 유리 대롱의 부피는 우리가 재려는 온도 영역을 모두 보듬을 수 있을 정도로 충분히 커야 하며, 수직으로 세웠을 때 액체 안에 공기 방울이 없어야 하고, 밀봉되어야 한다. 이런 온도계는 액체가 열팽창하는 성질을 이용하는데, 온도가 올라가 부피가 늘어나면 액체가 차지하는 대롱의 길이가 늘어나게 된다. 이 유리 대롱을 얼음과 물이 함께 담긴 그릇에 담가 충분히 시간이 흐른 후 액체가 대롱에 올라온 위치를 표시하여 0°C라 하고, 다시 끓고 있는 물에 담가 충분히 시간이 흐른 후 액체가 대롱에 올라온 위치를 표시하여 100°C라 한다. 이 두 눈금 사이의 길이를 100등분하여 온도계를 만든다. 다시 말하면 온도를 재는 것이 아니라 액체가 늘어난 '길이'를 재는 것이다. 시계는 어떠한가? 시계는 시간을 재는 것이 아니라 시계 바늘이 돌아간 각도를 재는 것이다.

다시 말하면, 모든 측정은 반드시 재려는 물리량을 그에 걸맞는 길이로 변환해 주어야 측정이 가능하다. 그렇다면 이 변환 과정에 문제가 있는 것은 아닌가? 용수철 저울의 '1킬로그램 눈금과 2킬로그램 눈금 사이'가 '2킬로그램 눈금과 3킬로그램 눈금 사이'와 동등한가? 온도계의 '10°C 눈금과 11°C 눈금 사이'가 '20°C 눈금과 21°C 눈금 사이'와 동등한가? 저울의 경우는 별로 어렵지 않게 확인할 수 있다. 1킬로그램짜리 물체를 두 개 준비한 후, 하나를 저울에 올려놓고 용수철이 늘어난 길이를 잰 후 다른 물체를 더 올려놓아 같은 길이 만큼 늘어나는지 확인해 보면 알 수 있다. 그러나 온도계의 경우는 더 복잡하다. 여기서는 이를 직접 논의하기보다는 이러한 변환 과정에 숨어 있는 우리의 믿음에 대해 말해 보자. 온도계의 '10°C 눈금과 11°C 눈금 사이'가 '20°C 눈금과 21°C 눈금 사이'와 동등하다는 것을 알기 위해서는 어떤 물질의 온도를 1°C 올리는 데 필요한 에너지가 어떤 온도에서든 일정해야 한다는 것이다. 곧, 10°C에서 11°C로 올릴 때 필요한 에너지

11 주로 알코올이나 수은을 사용한다.

가 20°C에서 21°C로 올릴 때 필요한 그것과 같아야 한다는 것이다. 이를 가리켜 '선형성[12]'이라 한다. 우리가 사는 우주는 이러한 선형성이 보장되는 공간이라고 우리는 **믿고** 있다.

그렇다면 디지털 측정 기구는 어떠한가? 모든 디지털 측정 기구는 앞에서 말한 과정을 거쳐 길이로 변환한 후 이를 전기 신호로 바꾸어 디지타이저라는 전자회로를 거쳐 화면에 숫자로 나타내 준다. 따라서 길이를 재는 것은 여전하다. 다만, 혹자는 현대 기술의 발달로 한 가지 예외가 있다고 주장할 것이다. 디지털시계는 길이나 각도로 변환해주는 과정이 필요하지 않다는 것이다. 시계는 반드시 주기 운동을 하는 부속품을 필요로 한다. 지금은 거의 사용하지 않지만, 기계식 괘종시계를 생각해 보자. 이런 괘종시계에는 반드시 단진동 운동을 하는 진자가 달려 있다. 이 진자가 한 번 왕복하면, 톱니바퀴를 이용하여 일정한 각도로 바늘을 회전시켜 시간을 잴 수 있도록 만들어졌다.

그런데, 시간을 재는 방법은 똑같은 괘종시계를 사용하더라도 굳이 시계 바늘을 돌리지 않고 진동 횟수를 '세어서' 시간을 측정할 수 있다. 다만 이 세는 과정을 자동화하기 어려웠던 시기에는 어쩔 수 없이 바늘을 돌리도록 괘종시계를 만들었다. 그러나 현대의 전자 공학 기술은 이러한 세는 과정을 전자회로를 이용하여 자동화하였다. 따라서 이제는 더는 시간을 길이로 환산할 필요가 없이 바로 주기 운동의 횟수를 세어서 시간을 잴 수 있는 것 아닌가? 얼핏 보면 이 주장은 매우 타당해 보인다. 그러나 주기 운동의 횟수를 세는 것만으로는 시간을 잴 수 없다. 시간을 재기 위해서는 주기 운동의 주기, 곧 진자가 한 번 왕복하는 데 걸리는 시간을 알아야만 주기

12 線型性, linearity. 원인과 결과, 자극과 반응, 입력과 출력의 관계가 1차적 비례관계인 것을 뜻한다.

운동의 횟수를 세어서 시간을 잴 수 있다. 역시 적어도 한 번은 길이로 변환하여야 한다. 그리고는 이 주기 운동이 늘 일정한 시간 간격을 가지고 반복된다고 믿는다.

어떤 사람은 현대 기술의 발달로 원자시계를 이용하여 정밀하게 시간을 잴 수 있으므로 꼭 길이로 환산하지 않고도 시간을 잴 수 있다고 말할 것이다. 그러나 원자시계로 시간을 측정하는 것은 빛의 속도가 관성계에서는 일정하다는 것을 전제로 하여 측정하는 것이므로 길이로부터 완전히 자유로운 것은 아니다. 왜냐하면 속도에는 길이와 시간이 모두 관여하기 때문이다.

2장

운동

- **운동(運動)**
  1. 사람이 몸을 단련하거나 건강을 위하여 몸을 움직이는 일.
  2. 어떤 목적을 이루려고 힘쓰는 일. 또는 그런 활동.
  3. 일정한 규칙과 방법에 따라 신체의 기량이나 기술을 겨루는 일. 또는 그런 활동.
  4. 『물리』 물체가 시간의 경과에 따라 그 공간적 위치를 바꾸는 일.
  5. 『철학』 시간의 경과에 따른 물질 존재의 온갖 변화와 발전.

- **motion**
  1. a) an act, process, or instance of changing place : MOVEMENT
     b) an active or functioning state or condition
  2. an impulse or inclination of the mind or will
  3. a) a proposal for action
     b) an application made to a court or judge to obtain an order, ruling, or direction
  4. MECHANISM
  5. a) an act or instance of moving the body or its parts : GESTURE
     b) motions plural: ACTIVITIES, MOVEMENTS
  6. melodic change of pitch

다시 강조하지만 물리학 쓰임말들은 일상생활에서 쓰는 낱말을 빌려 쓰지만, 그 뜻은 '매우' 제한적일 뿐만 아니라 문맥에 따라 뜻이 바뀌어도 안 된다. 표준국어대사전이나 메리엄-웹스터 사전 모두 '운동(motion)'에 대한 설명으로 여러 항목들을 나열하고 있다. 그만큼 이 낱말의 뜻이 일상생활에서는 여러 가지로 다양하게 쓰이고 있다는 뜻이다. 표준국어대사전의 설명 항목 4번과 메리엄-웹스터 사전의 설명 항목 1.-a)가 물리학에서 말하는 '운동'의 뜻에 가장 근접하지만 아직 부족하다. 특히 메리엄-웹스터 사전의 '위치를 바꾸는 행동, 과정 또는 순간'이라는 설명은 약간의 혼동을 일으킨다. 반면에 '시간의 경과에 따라'라는 조건을 단 표준국어대사전의 설명은 물리학에서 쓰는 '운동'이라는 쓰임말의 뜻에 더 잘 부합한다.

그렇다면 물리학에서 쓰는 '운동', 곧 '움직임'이란 무엇인가? 어떤 물체가 움직인다는 것은 당연히 물체의 위치가 바뀐다는 것을 뜻한다. 그런데, 위치의 변화가 한순간에 일어날 수는 없다. 위치의 변화는 당연히 시간의 흐름과 함께 일어난다. 곧 어떤 물체가 ㉠ 지점에서 ㉡ 지점으로 움직였다면, ㉠점에 있던 순간에서 ㉡점에 있던 순간으로 시간 역시 흘러갔을 것이다. 물리학에서 다루는 움직임은 위치의 바뀜뿐만 아니라, 시간의 흐름이 함께 일어난다는 것을 잊지 말아야 한다. 그런데 ㉠점과 ㉡점이 고정되어 있고 물체가 직선으로 움직였다면 ㉠점에서 ㉡점으로 움직이는 데 걸린 시간이 길고 짧음에 따라 우리는 이 물체가 '빠르게 움직였다' 또는 '느리게 움직였다'고 말한다.

여기서 우리는 두 가지의 문제를 깊게 생각해 보아야 한다. 우선 ㉠점에서 ㉡점으로 움직이는 방법은 직선뿐만 아니라 무한히 많다는 것이다. ㉠점에서 ㉡점으로 움직이는 가장 짧은 거리는 당연히 직선거리이다. 그러나 ㉠점에서 ㉡점으로 움직이는 데 반드시 ㉠점과 ㉡점을 잇는 직선을 따라 움직일 이유는 없다. ㉠점과 ㉡점을 잇는 곡선을 따라 움직일 수 있는데 이 곡선은 무한히 많다. 따라서 ㉠점에서 ㉡점으로 움직이는 데 걸린 시간이 같다 하더라도 어떤 경로를 따라 움직였느냐에 따라 빠르기는 달라질 수밖에 없다.

다른 하나는 우리가 직선 운동만을 다루는 것이 아니라면 ㉠점에 대해 ㉡점이 어디에 있는가를 따져 보아야 한다. 다시 말하면 우리가 관심을 가지고 있는 ㉡점이 ㉠점의 동쪽에 있을 수도 있고, 남동쪽에 있을 수도 있다. 두 경우 모두 직선 운동을 했고 움직이는 데 같은 시간이 걸렸더라도 빠르기를 말할 때 움직이는 방향이 다르므로 두 경우가 똑같은 움직임이라고 말하기 어렵다. 물리학 쓰임말에서는 이러한 차이점들을 구분해야 할 필요가 있다.

1. 속력과 속도

- **속력(速力)**

  1. 속도의 크기. 또는 속도를 이루는 힘.

- **speed**

  1. a) rate of motion: such as
        i. VELOCITY sense 1
        ii. the magnitude of a velocity irrespective of direction
     b) the act or state of moving swiftly : SWIFTNESS
     c) IMPETUS
  2. swiftness or rate of performance or action : VELOCITY sense 3a
  3. a) the sensitivity of a photographic film, plate, or paper expressed numerically
     b) the time during which a camera shutter is open
     c) the light-gathering power of a lens or optical system
  4. a transmission gear in automotive vehicles or bicycles —usually used in combination

5. someone or something that appeals to one's taste
6. METHAMPHETAMINE also: a related stimulant drug and especially an amphetamine
7. prosperity in an undertaking : SUCCESS

- **속도(速度)**

1. 물체가 나아가거나 일이 진행되는 빠르기.
2. 『물리』 물체의 단위 시간 내에서의 위치 변화. 크기와 방향이 있으며, 크기는 단위 시간에 지나간 거리와 같고, 방향은 경로의 접선과 일치한다.
3. 『음악』 악곡을 연주하는 빠르기.

- **velocity**

1. a) quickness of motion : SPEED
   b) rapidity of movement
   c) speed imparted to something
2. the rate of change of position along a straight line with respect to time : the derivative of position with respect to time
3. a) rate of occurrence or action : RAPIDITY
   b) rate of turnover

일상생활에서 쓰는 '속도'와 '속력'은 같은 낱말이라 해도 괜찮을 정도로 쓰임새가 같다. 그러나 물리학에서 속도와 속력은 서로 다른 쓰임말이다. 우선 표준국어대사전의 속력에 대한 설명에서 '속도의 크기'라는 말은 물리학적으로 보았을 때 반은 맞고 반은 틀린 설명이다. 특히 '속도를 이루는 힘'이라는 설명은 일상생활에서 속력이라는 낱말을 쓸 때 이런 뜻으로 쓰이지만 물리학적으로는 완전히 틀린 설명일 뿐만 아니라 수많은 오개념을 일으킬 수 있는 '위험'한 설명이다. 왜냐하면 '힘'과 '속력'은 절대 같은 물리량이 아니다. 메리엄-웹스터 사전의 속력에 대한 설명 항목 1.-a)-

ii 가 물리학에서 말하는 '속력'의 뜻에 가장 근접하지만, 아직 부족하다. 표준국어대사전의 속도에 대한 설명 2번은 물리학에서 말하는 속도를 비교적 정확히 표현하였으나, '크기는 단위 시간에 지나간 거리와 같고, 방향은 경로의 접선과 일치한다.'는 설명은 물리학적으로 완전한 설명은 아니다. 메리엄-웹스터 사전의 속도에 대한 설명 항목 2번 역시 완벽하지 않다. 우선 'the rate of change of position along a straight line with respect to time(직선을 따라 움직이는 위치의 시간 변화율)'이라는 설명은 곡선 운동에 대한 설명이 부족하고, 'the derivative of position with respect to time(시간에 따른 위치의 도함수 또는 미분)'이라는 설명 역시 정확하지만 미분에 대한 지식이 부족한 일반인에게는 이해가 되지 않는 설명이다.

그런데, 표준국어대사전의 속도에 대한 설명 2에 나타나는 '크기와 방향이 있으며'라는 문구를 들여다보자. 여러분은 이 말이 아무 거리낌 없이 잘 이해가 되는가? 그렇다면 이 문단과 다음 문단은 건너뛰고 그다음 문단으로 넘어가도 된다.

물리학에 쓰이는 다양한 물리량들을 들여다보면 크게 두 종류로 나눌 수 있다. 속력, 온도, 부피, 길이, 에너지 등과 같이 적절한 단위를 붙여 크기만 말하면 모든 사람이 고개를 끄덕이며 알아듣는 물리량들이 있다. 그러나 속도, 힘, 운동량 등과 같이 크기만을 말하면 필요한 정보를 모두 알 수 없고 반드시 방향을 나타내 주어야 완전해지는 물리량들도 있다. 전자를 스칼라양(scalar quantity), 후자를 벡터양(vector quantity)이라고 한다. 고등학교 수학 시간에 벡터를 배워본 사람들은 아마도 그 개념이 이해되지 않아 무척 어려움을 느꼈던 경험이 떠오를 것이다. 나 역시 고등학교 1학년 때 배운 벡터 개념을 고3이 되어서야 어렴풋이 이해하게 되었고, 물리학과에 진학하고서도 3학년이 되어서야 비로소 그 뜻을 제대로 알게 되었다. 이 말은 내가 어떤 물리학 문제를 푸는 데 벡터의 개념을 자유자재로 활용할 능력이 생기기까지 매우 오랜 시간이 걸렸다는 뜻이다. 당연히 여러분은 너무 겁먹을 필요가 없다. 다음의 두 가지만 이해해도 충분하다.

예를 들어, TV에서 저녁 뉴스 끄트머리에 일기예보를 알려주던 기상 캐스터가 "내일 최저기온은 남쪽으로 섭씨 영하 5도입니다."라고 말하면 아마도 여러분은 피식 웃으며 무슨 말도 안 되는 일기예보를 한다고 생각할 것이다. 왜 그럴까? 바로 '남쪽으로'라는 수식어를 쓸데없이 붙였기 때문에 시청자들은 고개를 갸우뚱거리며 기상 캐스터가 말실수를 하였다고 여길 것이다. 그런데 이어서 그 기상 캐스터가 "내일 동해 바다에서는 바람이 초속 5미터의 속도로 불겠습니다."라고 말하면 무언가 부족하다고 느낀다. 즉, 동풍이 부는 것인지, 남서풍이 부는 것인지 정보가 부족하다고 생각할 것이다.

또 다른 예를 들어보자. 만일 길을 걷고 있는데 어떤 사람이 다가와 "우체국이 어디 있습니까?"라고 물었는데 "71미터 가세요."라고 답한다면, 길을 물었던 사람은 당신을 매우 불친절한 사람이라고 생각할 것이다. 왜? '남동쪽으로' 가라고 말해 주지 않았기 때문이다. 이와 같이 어떤 물리량들은 크기만을 말해도 필요한 정보가 충분히 전달되는가 하면, 크기만 말해서는 무언가 정보가 완전하지 않은 것도 있다. 따라서 어떤 물리량에 방향을 붙여 보아 어색하면 그 물리량은 스칼라양이고, 그저 크기만을 말해서는 무언가 부족하다면 그것은 벡터양이다.

벡터와 스칼라에 대해 두 번째로 알아야 할 것은 좌표축을 바꾸었을 때 바뀌는지 바뀌지 않는지 따져 보는 것이다. 스칼라양은 좌표축의 선택에 전혀 영향을 받지 않는 물리량이지만, 벡터양은 좌표축을 바꾸면 그에 따라 바뀐다. 예를 들어, 동서 방향을 x축, 남북 방향을 y축이라 하자. 만일 바람이 x축의 양의 방향, 곧, 동쪽 방향과 30도의 각도를 이루며 불고 있다고 하자. 만일 여러분이 새로운 좌표축으로 동쪽 방향과 20도의 각을 이루는 방향을 x'축, y축의 양의 방향과 20도의 각을 이루는 방향을 y'축으로 새로운 좌표축을 정했다면, 새로운 좌표축에서는 바람이 x'축의 양의 방향과 10도의 각도를 이룬다. 이와 같이 벡터양은 좌표축이 바뀌면 그에 맞추어 함께 바뀐다. 하지만 바람의 세기는 좌표축을 바꾼다고 달라지지 않는다.

물리학에서 쓰는 '속도'와 '속력'의 다른 점을 따져 보자. 우선, 속력은 스칼라양이지만 속도는 벡터양이다. 이 설명은 속도와 속력의 다른 점을 분명하게 설명하고는 있지만, 우리가 차이점과 유사점을 제대로 이해하기에는 무언가 부족하다. 이 두 물리량의 차이를 분명히 알기 위해서는 우선 '변위'라는 쓰임말을 알아야 한다.

1) 변위

- **변위(變位)**
  1. 『물리』 물체가 위치를 바꿈. 또는 그 물체의 나중 위치와 처음 위치의 차이를 나타내는 벡터양. 크기와 방향을 가진다.

- **displacement**
  1. the act or process of displacing : the state of being displaced
  2. a) physics : the volume or weight of a fluid (such as water) displaced by a floating body (such as a ship) of equal weight
     a) the difference between the initial position of something (such as a body or geomet- ric figure) and any later position
     b) mechanical engineering : the volume displaced by a piston (as in a pump or an engine) in a single stroke

3. psychology
   a) the redirection of an emotion or impulse from its original object (such as an idea or person) to another
   b) the substitution of another form of behavior for what is usual or expected especially when the usual response is nonadaptive or socially inappropriate

- **displace**

1. a) to remove from the usual or proper place
   b) to remove from an office, status, or job
2. a) to move physically out of position
   b) to take the place of (as in a chemical reaction)

표준국어대사전의 변위에 대한 설명은 물리학에서 쓰는 개념을 거의 정확하게 보여주고 있다. 그러나 변위에 해당하는 영어 낱말 'displacement'에 대한 설명 항목들은 여러 개 있으며 모두 다른 쓰임새를 가지고 있다. 한편, 'displacement'가 일상생활에서 흔히 쓰이는 뜻을 명확히 알려면 'displace'의 설명을 보면 알 수 있다. 물리학에서는 'displace'의 설명 2.-a)가 적절하다. 그 외에는 'displacement'가 여러 전문 분야의 쓰임말이라는 것을 알 수 있다.

이러한 이유로 'displacement'를 우리말로 번역할 때 각 전문 분야마다 쓰임새에 맞게 전문적인 쓰임말을 '창조'해 냈다. 물론, 이런 쓰임말을 '창조'한 분들이 한글보다 한자어가 전문 분야의 쓰임말로 더 어울린다고 생각했거나, 일본의 번역을 아무런 비판 없이 받아들였기 때문이다. 다행히도 물리학 쓰임말 '변위'는 한자어를 글자 그대로 번역하면 '위치의 변화'이니 우리가 이해하는 데 더 알맞기는 하다. 이제 물리학에서 '변위'가 어떻게 쓰이고 어떤 뜻을 가졌는지 자세히 살펴보자.

변위를 단순히 '위치의 변화'라고 한다면, 이때 우리는 도대체 물리학에서 말하는 '위치'라는 것이 무엇인지 자세히 알아야 한다. 어떤 물체가 ㉠점에서 ㉡점으로 움직이는 상황을 다시 생각해 보자. 물체가 움직였으니 물체의 위치가 바뀌었다고 한다. 이때 물리학자들은 나중 위치(㉡점)에서 처음 위치(㉠점)를 빼 주면 그것이 변위라고 말한다. 문장은 간단해 보이지만 일반인들은 이러한 설명을 들으면 도무지 이해할 수 없다는 표정을 짓기 마련이다. '나중 위치에서 처음 위치를 **빼 준다**'는 것이 도대체 무슨 말인가? 위치에서 위치를 빼 주었으니 0이 되어야 하는 것 아닌가? 위치가 무슨 물질도 아니고 셀 수 있는 것도 아닌데 어떻게 빼 줄 수 있다는 말인가? 이 말을 이해하기 위해서는 우선 위치가 벡터양이라는 것을 알아야 하고, 벡터양끼리는 어떻게 덧셈과 뺄셈을 하는지 알아야 한다.

앞에서 예를 든 우체국의 위치를 생각해 보자. "우체국에 가려면 남동쪽으로 71미터 가세요."라고 말했는데 그 정보가 정확했다면, 주어진 정보대로 남동쪽으로 71미터를 걸어간 사람은 우체국을 제대로 찾아갔을 것이다. 여기에서 두 가지 점에 주목해야 한다. 우선 드러나게 말하지는 않았지만 '여기서부터'라는 말이 생략되어 있다는 것을 눈치챘을 것이다. 이를 수학적으로 나타내면 좌표축의 원점을 정했다고 한다. 그리고 '남동쪽으로'라는 표현은 좌표축을 정해 준 것으로 이해하면 된다. 이로부터 여러분은 우체국의 '위치'가 크기(71미터)와 방향(남동쪽)을 가지는 물리량이라는 것을 알 수 있다. 그리고 여러분은 이 위치가 좌표축을 바꾸어 주면 바뀌는 물리량이라는 것도 알 수 있다. 만일 여러분이 서 있는 곳과 우체국 사이가 아무것도 없는 허허벌판이라면, 길을 물었던 사람은 주어진 정보 그대로 남동쪽으로 71미터 걸어가서 우체국에 도착할 수 있을 것이다. 그러나 만일 여러분이 대도시 도심에 있다면 남동쪽으로 길이 나 있지 않았을 수도 있다. 그러면 여러분은 아마도 친절하게 '우체국에 가려면 여기에서 이 동쪽으로 난 길을 따라 50미터 가면 은행 건물이 나타나는데 이 은행 건물을 끼고 우회전해서 남쪽으로 50미터 가면 우체국'이라고 말할 것이다. 똑같은 우체국의 위치이지만 어떤 상황에 있느냐(어떤 좌표축을 잡느냐)에 따라 주어지는 정보가 다르다. 이것이 좌표축의 선택에 따라 달라지는 벡터양 특징이다. 중요한 것은 위치가 벡터양이라는 것이다.

다음으로 따져 보아야 하는 것이 도대체 '어떻게 나중 위치에서 처음 위치를 **빼 줄 수** 있는가'이다. 이것을 이해하려면 벡터양끼리 어떻게 더해 주고 빼 주는지를 알아야 한다. 우선 덧셈을 생각해 보자. 장거리를 운항하는 대형 여객기는 정상 운항의 경우 대략 10,000미터 이상의 상공을 날아가고 있다. 그런데 대체로 구름의 높이는 비행기보다 낮아서 비행사는 지상을 내려다보아도 구름 외에는 아무것도 보지 못하는 경우가 많다. 만일 비행사가 동쪽을 향해 시속 800킬로미터의 속력으로 날아가다가 어느 지역에 들어갔더니 시속 800킬로미터의 제트류[1]가 남쪽으로 불고 있었다고 가정하자. 비행사의 입장에는 비록 제트류가 분다는 것을 느꼈겠지만, 구름 때문에 땅을 내려다볼 수 없으니 본인은 여전히 동쪽으로 날아간다고 생각하고 있을 것이다. 그러나 지상에 있는 관제탑의 레이더 장비 화면에 나타난 이 비행기의 진행 방향은 동쪽이 아닌 남동쪽으로 나타날 것이다. 그리고 속력은 시속 800킬로미터가 아니라 시속 941킬로미터일 것이다.[2] 이것이 동

1 Jet Stream. 제트류의 속력은 가장 빠른 겨울철에도 시속 130킬로미터 정도이지만 여기서는 편리함을 위해 극단적인 가정을 하였다.

2 수학을 하시는 분들은 이 값이 피타고라스의 정리를 이용하여 구했다는 것을 알아챘을 것이다.

쪽으로 시속 800킬로미터의 속도 벡터와 남쪽으로 시속 800킬로미터의 속도 벡터를 **더해 준** 결과이다. 이와 같이 벡터끼리의 덧셈은 일반 산술적인 덧셈과는 다르게 크기와 방향을 모두 고려해야 한다. 그렇다면 벡터끼리의 뺄셈은 어떻게 해야 하나? 그것은 단순한 뺄셈의 경우 빼 주는 값의 부호를 바꾸어 더해 주어도 된다는 원칙을 원용하면 된다. 곧, $a - b = a + (-b)$를 이용하면 된다. 다만 여기서 벡터의 부호를 바꾸어 준다는 것이 무엇인지만 알면 된다. 벡터의 부호를 바꾸어 준다는 것은 그 크기는 그대로 놔두고 방향만 180도 바꾼다는 것을 뜻한다.

2) 평균 속력과 평균 속도

속력이면 속력, 속도이면 속도이지 왜 굳이 '평균'이라는 낱말을 앞에 붙여 우리 머리를 지끈거리게 할까? 물리학자들이란 사람의 머리를 지끈거리게 만드는 묘한 능력을 갖추고 태어난 것은 아닌가? 믿거나 말거나 물리학자들이 이러한 특별한 능력을 타고나는 것은 아니니 염려 마시기 바란다. 왜 굳이 '평균'이라는 낱말을 앞에 붙였는지는 다음 절 '순간 속력과 순간 속도'를 읽으면 어느 정도 분명해지므로 조금만 참을성을 가지고 읽어 내려가기를 바란다.

앞에서도 말했듯이 무엇인가 재려면 재려는 대상에 어떤 자극을 주어 **변화**를 일으켜야만 가능하다. 속도나 속력을 재려면 위치 변화가 있어야만 가능하다. 그런데 이 변화가 일어나는 데는 시간이 걸린다. 예를 들어 서울에서 부산까지 자동차로 5시간에 걸려 도착했다고 하자. 서울에서 부산까지 경부 고속 도로로 가면 대략 450킬로미터 정도 되니까 대략 450킬로미터의 위치 변화가 일어나는 데 5시간이 걸린 것이다. 이때 우리는 이 자동차가 시속 90킬로미터로 달렸다고 말한다. 그런데 자동차가 달리는 내내 속도계는 한결같이 90킬로미터의 눈금에서 정지한 채 변하지 않고 있었을까? 당연히 그렇지 않다는 것을 우리는 잘 알고 있다. 우선 처음에 출발할 때 속도계는 0을 가리키다 점점 큰 숫자를 가리킨다. 그러나 속도계의 숫자가 90을 가리키고 나면 더 이상 움직이지 않고 가만히 있지는 않는다. 앞의 차가 너무 느리게 가면 추월하려고 시속 100킬로미터 이상을 내기도 하고, 휴게소에 들르기 위해 속도를 줄이기도 한다. 속도계의 눈금은 거의 모든 시간 내내 일정한 값에 머물러 있지 않고 운전자가 어떻게 자동차를 작동시키느냐에 따라 수시로 바뀐다. 더욱이 우리는 서울에서 부산까지 직선거리를 달려가지 않는다는 것도 알고 있다. 이렇게 중간에 어떻게 움직였는지는 관심을 두지 않고 총거리를 움직이는 데 걸린 전체 시간으로 나누어 주면 이것이 '평균 속력'이 된다. 5시간 걸려 부산까지 450킬로미터를 달렸으니 이 자동차의 평균 속력은 90킬로미터/시(km/h), 또는 평균 시속 90킬로미터라고 한다.

그렇다면, 평균 속력에 대응하는 이 자동차의 평균 속도는 어떻게 구해야 하나? 기본적으로 움직인 거리를 움직이는 데 걸린 시간으로 나눈다는 점에서 평균 속력과 평균 속도는 비슷한 점이 많다. 그러나 평균 속력과 달리 평균 속도는 크기와 방향을 동시에 나타내 주어야 하는 벡터양이다. 우선 변위를 구해야 한다. 왜냐하면 평균 속도는 변위를 그 변위가 일어나는 데 걸린 시간으로 나누어야 하기 때문이다. 따라서 평균 속도의 크기는 변위의 크기를 그 변위가 일어나는 데 걸린 시간으로 나누면 구할 수 있고, 방향은 **당연히**[3] 변위의 방향이다. 앞에 든 예에서 변위의 크기와 방향은 어

3 '당연히'라는 표현이 어떤 이에게는 당연하지 않을 수 있다. 이것을 이해하려면 벡터양과 스칼라양의 곱하기에 대한 이해가 필요한데, 여기서는 벡터양에 스칼라양을 곱해 주거나 나누어 주어도 결과는 벡터양이 되지만 그 방향은 원래의 방향과 같다는 정도만 이해해

떻게 구해야 하나? 우선 지도를 펴놓고 서울에서 부산까지 직선거리를 재면 대략 320킬로미터가 된다. 논의를 쉽게 하려고 부산이 서울의 남동쪽에 있다고 가정하자. 그러면 이 자동차의 평균 속도는 남동쪽으로 시속 84킬로미터가 된다. 지도에서 서울과 부산을 잇는 직선을 긋고 부산을 가리키는 점에 부산 방향으로 화살 표시를 해 보자. 바로 이 화살이 벡터를 시각적으로 보여 줄 때 나타내는 방식이다. 이 화살로 표시된 벡터를 물리학에서는 변위 벡터라 한다. 바로 이 변위 벡터를 걸린 시간으로 나누어 주면 '평균 속도'가 된다.

여기서 평균 속력과 평균 속도의 차이점을 조금 더 자세히 들여다보자.

1. 평균 속도의 크기와 평균 속력은 다르다. 위에 예를 든 자동차의 평균 속력은 시속 90킬로미터이지만 평균 속도의 크기는 시속 84킬로미터이다. 경부 고속 도로가 직선도로가 아니므로 당연히 두 값은 서로 다르다. 직선 운동의 경우에도 운동하는 내내 한 방향으로만 움직이지 않았다면 마찬가지이다.
2. 같은 시간이 걸렸다면 평균 속력은 어떤 경로로 움직였느냐에 따라 다른 값을 가지지만, 평균 속도의 크기는 변하지 않는다. 만일 위에 예로 든 자동차가 원주와 제천에 볼 일이 있어 두 도시에 들렀다가 부산까지 왔다면 여행한 거리는 450킬로미터보다 클 것이다. 위의 예와 똑같이 5시간이 걸렸고 움직인 거리가 500킬로미터라면 이때의 평균 속력은 시속 100킬로미터가 되지만 평균 속도의 크기는 여전히 시속 84킬로미터이다.

도 충분하다.

3. 만일 제자리로 돌아오면 평균 속력은 여전히 0이 아닌 값을 가지지만 평균 속도의 크기는 반드시 시속 0킬로미터이다. 앞서 예를 든 자동차가 서울로 되돌아올 때는 경부 고속 도로를 따라 과속도 하여 4시간 만에 서울에 도착했다면 되돌아올 때의 평균 속력은 시속 113킬로미터일 것이다. 그리고 전체 왕복 여행의 평균 속력은 전체 운행 거리 500킬로미터+450킬로미터=950킬로미터를 5시간+4시간=9시간으로 나누면, 곧 '950/9~110킬로미터/시'[4]가 된다. 반면에 평균 속도는 시속 0킬로미터[5]이다.

3) 순간 속력과 순간 속도

서울에서 부산까지 평균 속력 90킬로미터/시로 움직인 자동차의 속도계는 운행하는 내내 한결같이 90킬로미터의 눈금에서 정지한 채 변하지 않고 있지 않았다는 것을 잘 알고 있다. 그렇다면 속도계의 눈금이 평균 속력을 나타내는 것이 아니라는 것은 자명하다. 그렇다면 자동차의 속도계가 매 순간 보여 주는 눈금은 무엇을 가리키는 것일까? 평균 속력이 아니라면 평균 속도? 아니다. 이도저도 아니라면 도대체 무엇이란 말인가? 그것은 순간 속력이다.[6] 그런데 앞의 절 '평균 속력과 평균 속도'에서 평균 속력에 대응하

4 여기에서 사용한 기호~는 어림 계산하여 같다는 뜻이다.

5 평균 속도가 시속 0킬로미터라고 하면서 방향은 말하지 않았다. 방향을 말하지 않았다고 하여 '평균 속도 시속 0킬로미터'가 스칼라양이라는 것은 아니다. 벡터이지만 크기가 0인 벡터를 가리켜 '0벡터'라 부르는데 영어로는 'zero vector' 또는 'null vector'이다. 이 0벡터는 엄밀하게 말해 방향을 가지고 있지 않지만, 다른 벡터와 덧셈을 하면 효과를 발휘하는데, 그 효과는 아무것도 하지 않는다는 것이다. 곧, 어떤 벡터에 0벡터를 더하면 그 결과는 원래의 벡터와 같다. 너무도 당연해 보이는 이 0벡터는 왜 필요한 것일까? 보다 복잡한 수학의 영역에서는 이 0벡터의 존재가 매우 중요하다는 정도만 이해하자.

6 순간 속력을 나타내는 자동차의 속도계를 '순간 속력계'라고 부르지는 않는다. 다시 한 번

는 평균 속도가 있다고 했으므로, 당연히 순간 속력에 대응하는 순간 속도도 있어야 한다. 그렇다면 자동차의 속도계가 순간 속도를 나타내지 않는다고 하는 이유는 무엇일까? '속도'라는 낱말에서 눈치챘듯이 순간 속도는 벡터양이다. 따라서 크기만이 아니라 방향까지 말해야 완전한 정보를 제공하는 것이다. 그런데 자동차의 속도계는 어디를 들여다보아도 방향을 알 수 있는 방법이 없다. 방향을 알기 위해서는 속도계에서 눈을 떼고 밖을 내다보거나 나침반을 보아야 한다. 따라서 속도계가 순간 속도를 나타내는 것이 아니라는 것은 분명해졌다.

그렇다면 순간 속력과 순간 속도는 어떻게 구분되는가? 우선 순간 속력은 순간 속도의 크기이다. 따라서 우리는 순간 속도가 무엇인지 알면 자연히 순간 속력도 알게 된다. 이제부터는 물리학자들이 그렇게 하듯, 특별한 언급이 없다면 '순간'이라는 낱말을 생략하고 그냥 속력과 속도를 순간 속력과 순간 속도를 나타내는 말로 쓸 것이다. 속도를 알려면 우선 평균 속도를 조금 더 자세히 들여다보아야 한다.

서울에서 부산까지 경부 고속 도로로 달려가는 동안에 대전도 지나고 대구도 지난다. 수원→대구 구간의 평균 속도는 얼마일까? 간단히 수원→대구 구간의 직선거리를 구해 수원에서 대구까지 가는 데 걸린 시간으로 나누어 주면 수원→대구 구간의 평균 속도의 크기를 알 수 있다. 방향은 지도에서 서울과 대구를 잇는 직선을 그어 알 수 있다. 마찬가지 방법으로 수원→대전 구간의 평균 속도도 구할 수 있다. 이뿐만이 아니라 수원→천안 구간, 수원→오산 구간의 평균 속도도 구할 수 있다. 이와 같이 '수원→○' 구간에서 ○를 수원에 점점 가까이 접근시키면 무슨 일이 일어날까? 극단적

일상생활의 쓰임말과 물리학의 쓰임말이 어떻게 다른지 보여주는 예이다.

으로 움직인 거리가 거의 0에 가까워지면 어떻게 될까? 물론, 움직인 거리가 거의 0에 가까우면 이렇게 움직이는 데 걸린 시간도 0에 가깝다. 그러나 비록 둘 다 0에 가까워지더라도 그들의 비, 곧 (움직인 거리)÷(걸린 시간)은 어떤 유한한 값을 가진다. 이 유한한 값이 속도의 크기, 곧 속력이다. 이 과정을 가리켜 수학적으로는 '위치를 시간으로 미분'하였다고 한다.

이제 속도의 크기, 속력을 알았으므로 방향에 대해 생각해 보자. 위에서 구한 평균 속도들의 방향을 보면 ○에 따라 바뀌는 것을 알 수 있다. 그런데 ○가 수원의 출발점으로 매우 가까워지면 평균 속도의 방향이 움직이는 경로의 접선 방향임을 알 수 있다. 바꾸어 말하면 어떤 순간의 속도의 방향은 언제나 그 순간 경로의 접선 방향이다.

4) 위치를 시간의 함수로 나타내다

앞에서 '위치를 시간으로 미분하였다'는 표현을 썼다. 그런데 이 말도 이해하기 힘들지만, 위치를 시간으로 미분하려면 위치를 시간의 함수로 표현할 수 있어야 하는데 '위치를 시간의 함수로 나타낸다'는 말은 '위치를 시간으로 미분한다'는 말 만큼이나 고개를 갸웃거리게 만든다. 이러한 말들의 뜻을 이해하려면 우선 '위치를 시간의 함수로 나타낸다'는 말부터 알아야 한다.

함수란 무엇인가? 이제 수포자들은 이런 단어만 나와도 경기를 일으킬지 모르겠다. 여러분은 '함수' 하면 무엇이 떠오르는가? $y=f(x)$? 아니면 그래프가 떠오르는가? 일단 이런 정도만 떠올라도 반쯤은 성공한 것이다. 다음의 〈표 3.1〉을 보자. 여기서 ↔는 1:1 대응관계를 뜻한다. 수학에서 말하는 함수란 두 개의 집합이 있고 이 두 집합의 원소들 사이에 정확하게 1:1 대응관계가 성립하면 이 관계를 함수라 말한다. 그렇다면 바로 〈표 3.1〉이 함수가 알기 쉽게 나타낸 것이다. 거칠게 말하면 바로 이 표가 함수이다. 이를 수학에서는 $x \mapsto f(x)$라고 고상하게 표현하는데 우리는 이런 표현에 주눅들 필요가 없다. 왜? 이것을 몰라도 함수가 무엇인지 이해하는 데 아무런 불편이 없기 때문이다.

〈표 3.1〉 함수의 예

집합 A		집합 B
1	↔	2
3	↔	4
7	↔	1
2	↔	7
5	↔	2
33	↔	12
1	↔	3

수학에서는 일반적으로 이처럼 함수를 나타내지만, 물리학에서 함수를 도입하는 것은 어떤 변수가 변화할 때 그 변화에 따라 다른 변수가 변하는 것을 나타내기 위함이다. 이때 앞의 변수(집합 A의 원소)를 독립 변수, 뒤의 변수(집합 B의 원소)를 종속 변수라 부른다. 이것을 물리학에서는 입력과 출력, 자극과 반응, 원인과 결과 등으로 부른다. 이때 함수에서 말하는 두 집합의 원소들 사이의 1:1 대응관계에는 약간의 제약이 따른다.

1. 〈표 3.1〉에서 보듯이 집합 A의 원소 '1'에 대응하는 집합 B의 원소는 '2'인데, 집합 A의 원소 '5'에 대응하는 집합 B의 원소 역시 '2'이다. 이런 경우도 함수이다. 이런 경우를 가리켜 '다:1 대응관계'라고도 한다.
2. 만일 집합 A의 원소 '7'이 7이 아니고 '2'라면 이 표는 함수가 될

수 없다. 곧, 집합 A의 원소 하나에 집합 B의 원소 여러 개가 대응하는 이 경우를 가리켜 '1:다 대응관계'라고도 하는데 이는 함수가 아니다.

그런데 함수 관계를 이루는 두 집합의 원소가 반드시 숫자여야만 할 이유는 없다. 〈표 3.2〉를 보자. 이것 역시 함수의 다른 예를 보여준다. 보다시피 집합 A의 원소와 집합 B의 원소들은 숫자가 아니라 사람들이다. 〈표 3.2〉의 함수 관계는 부부이거나 연인이다.

〈표 3.2〉 다른 함수의 예

집합 A의 원소		집합 B의 원소
효정	↔	영태
영미	↔	재겸
명완	↔	주열
춘향	↔	몽룡
직녀	↔	견우
줄리엣	↔	로미오
웅녀	↔	환웅

잠깐 수학적인 이야기를 하여 여러분의 머리를 어지럽게 만들었다면 이런 수학적인 엄밀함을 모르더라도 물리학에서 말하는 '위치를 시간의 함수로 나타내는 것'이 무엇인지 알기가 그리 어렵지 않다. 다음과 같은 상황을 상상해 보자. 학교에서 수업 시간에 보니 선생님께서 수업하시면서 한 자리에 가만히 서 있지 않고 칠판 앞을 왔다 갔다 하신다. 마침 물리 수업이라 재미도 없고 내용도 잘 알지 못해 수업을 듣는 내내 졸음을 참느라 고생하고 있는 중이다. 에라! 수업은 때려치우고 저 물리 선생님 움직임이나 관찰해

볼까? 종이를 꺼내 놓고 0에서 20까지 숫자를 위에서 아래로 죽 나열해 적어 놓았다. 그리고 시계를 들여다보고는 수업이 끝나기 1분 전에 선생님께서 칠판의 왼쪽 끄트머리에서 얼마나 떨어져 있나 눈대중으로 짐작하여 1미터쯤 된다고 하고 아까 준비한 종이의 0자 옆에 1미터라고 써 넣었다. 그리고는 1초 후에 선생님의 위치를 보니 칠판의 왼쪽 끄트머리에서 1.5미터 떨어져 있어 종이의 1자 옆에 1.5미터라고 적었다. 이렇게 1초 간격으로 선생님의 위치를 측정하여 종이에 적어 표를 만들었더니 다음과 같았다.

〈표 3.3〉 1초 간격 시간의 함수로 나타낸 물리 선생님의 위치

시간(초)		위치(미터)
0	↔	1.0
1	↔	1.5
2	↔	2.3
3	↔	2.0
4	↔	2.7
5	↔	3.2
…	↔	…

그런데 함수를 나타내는 방법에는 여러 가지가 있는데, 〈표 3.2〉처럼 표로 나타내는 방법밖에 없는 경우도 있지만, 〈표 3.1〉과 〈표 3.3〉처럼 숫자들 사이의 함수관계를 그래프로 나타내는 방법이 있다. 〈표 3.3〉을 모눈종이에 각 측정 구간의 평균 속도[7]와 함께 그래프로 나타내면 다음과 같다.

7 평균 속력이 아니다. 평균 속도 값이 음수로 나타나는 경우가 있는데 이는 움직이는 방향이 왼쪽이라는 것을 뜻한다.

〈그림 3.1〉 1초 간격 시간의 함수로 나타낸 물리 선생님의 위치(검정 네모 기호)와 각 측정 구간의 평균 속도(흰색 원 기호) 그래프

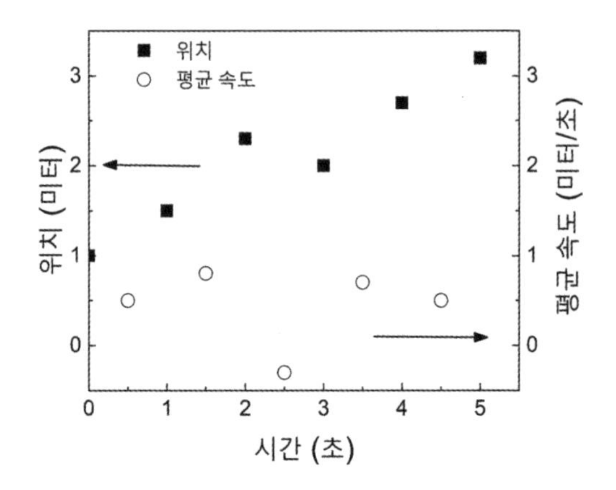

잠깐! 평균 속도는 어떻게 구했나? 0초에서 1초 사이의 평균 속도는 (1.5미터-1.0미터)÷(1초-0초)=0.5미터/초이다. 다른 시간 간격의 평균 속도 역시 같은 방법으로 구하면 된다.

그런데 만일 앞의 측정에서 시간 간격이 1초 간격이 아니라 0.5초 간격이었으면 어떻게 달라질까? 0.5초 간격으로 측정한 표는 다음과 같다.

〈표 3.4〉 0.5초 간격 시간의 함수로 나타낸 물리 선생님의 위치

시간(초)		위치(미터)
0	↔	1.0
0.5	↔	1.24
1	↔	1.5
1.5	↔	2.0
2	↔	2.3
2.5	↔	2.15
3	↔	2.0

시간(초)		위치(미터)
3.5	↔	2.2
4	↔	2.7
4.5	↔	3.0
5	↔	3.2
···	↔	···

이것을 〈그림 3.1〉과 같은 방법으로 모눈종이에 그래프로 나타내면 다음과 같다.

〈그림 3.2〉 시간 간격이 0.5초로 바뀌고 나머지는 〈그림 3.1〉과 같음

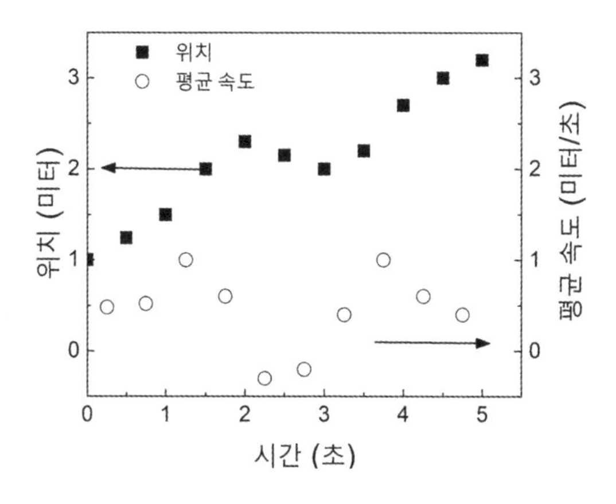

〈그림 3.1〉에서는 점들의 간격이 듬성듬성하고, 한 점에서 다른 점으로 바뀔 때의 변화가 급격한데, 〈그림 3.2〉에서는 점들의 간격이 더 촘촘해지고, 한 점에서 다른 점으로 바뀔 때의 변화가 완만해졌다.[8] 그렇다면 이제

8 학생이 수업시간에 책상에 앉아서 선생님의 위치를 어떻게 센티미터 수준까지 정밀하게 측정할 수 있겠느냐고 딴죽을 거는 분들이 간혹 있다. 물론 맞는 말씀이기는 한데, 머릿속으

시간 간격을 0.1초로 바꾸어서 측정해 보자. 그러면 다음과 같은 그래프가 될 것이다.

〈그림 3.3〉 시간 간격이 0.1초로 바뀌고 나머지는 〈그림 3.1〉과 같음

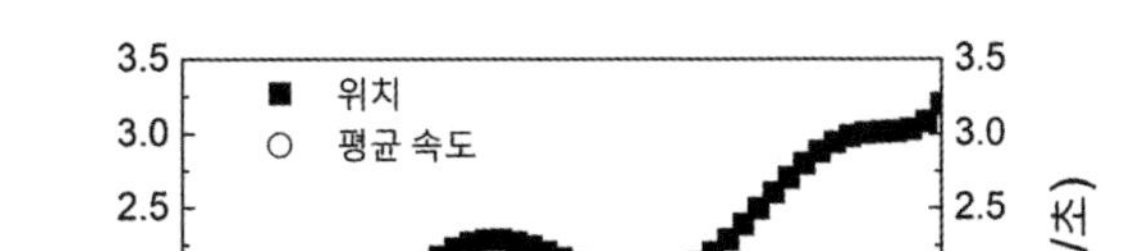
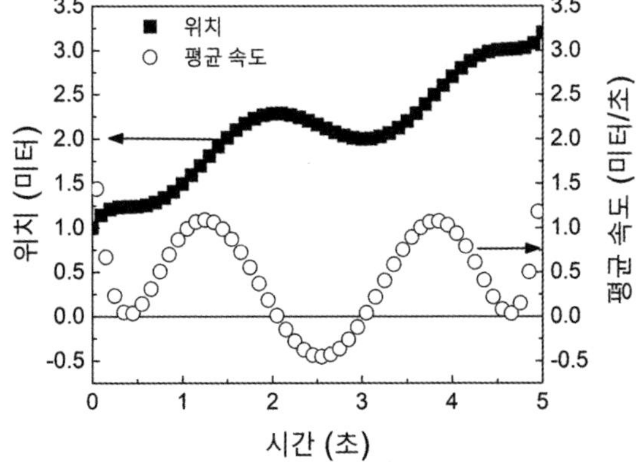

이제 각 점들이 거의 연결되어 보이고 위치와 평균 속도 모두 부드러운 곡선처럼 보인다. 이와 같이 측정 시간 간격을 무한정으로 줄여서 위치를 측정하면 우리는 부드럽게 연결된 위치를 시간의 함수로 나타낸 그래프를 얻을 것이다. 이론적으로는 매 순간 위치를 측정하여 위치 그래프를 그리고 평균 속도를 구하면, 이렇게 구한 평균 속도는 더 이상 평균 속도가 아니라 (순간)속도가 된다. 이처럼 무한히 짧은 시간 간격을 두고 위치 변화를 재서 평균 속도를 구하면 그것이 속도이다.

이렇게 그래프로 보여주면서 위치를 시간의 함수로 나타내고, 측정 시

로는 무엇이든 상상할 수 있다! 내가 그렇게 정밀한 측정을 할 수 있는 능력을 가졌다고 상상하는 것만으로도 즐겁지 아니한가? 이런 것이 물리학자들이 간간히 누리는 즐거움이다.

간 간격을 무한히 줄여 속도를 구하는 방법은 아쉽게도 1차원 운동, 곧 직선 운동의 경우에만 가능하다. 그러나 걱정하지 마시라. 2차원, 3차원 공간에서의 운동은 그 운동을 각각의 x, y 그리고 z 방향 성분으로 나누어서 측정하면 각각의 성분에 대해 이 1차원 운동에서 썼던 방법을 그대로 써서 운동을 이해할 수 있다.

지금까지는 위치를 측정하여 그래프로 그려서 속도를 구하는 방법에 대해 설명했는데, 반대의 경우를 생각해 보자. 만일 여러분 앞에 〈그림 3.3〉과 같은 그래프가 주어졌다면 여러분은 물리 선생님이 수업이 끝나기 1분 전에 칠판 앞에서 어떻게 움직였는지 여러분의 머릿속에 동영상으로 만들 수 있겠는가? 만일 그것이 가능하고, 그 동영상이 실제 운동과 잘 부합한다면 여러분은 이미 상당한 물리 실력을 갖추었거나, 아니면 적어도 물리학에 상당한 소양을 가진 것이다. 나는 수업 시간에 학생들에게 이러한 방식으로 머릿속 동영상을 만들어 보라고 늘 일깨운다.

5) 더 고민해 보기

다음으로 다루려는 두 가지 논점들은 수학을 좋아하거나, 물리학을 어떻게 수학적으로 서술해야 하는지 관심이 있는 분들을 위한 것이므로 수학에 거부 반응을 가지신 분이나 관심 없는 분들은 건너뛰어도 이 책을 계속 읽어 나가고 이해하는 데 아무 지장이 없다.

첫째로, 〈그림 3.3〉의 평균 속도 그래프가 위치를 시간으로 미분한 모양이라는 것이다. 이미 '무한히 짧은 시간 간격을 두고 위치를 재서 평균 속도를 구하면 그것이 속도'라는 어구에서 이 과정이 미분이라는 것을 눈치챘을 것이다. 곧, 위치를 x, 시간을 t 그리고 속도를 v라 하면

$$v = \lim_{\Delta t \to 0} \frac{\Delta x}{\Delta t} = \frac{dx}{dt}$$

로 나타낼 수 있다. 여기서 $\Delta x \equiv x_f - x_i$로 변위를 나타내며, $\Delta t \equiv t_f - t_i$로 걸린 시간을 나타낸다. 그리고 x_f와 x_i는 각각 나중 위치와 처음 위치를 나타내며, t_f와 t_i는 각각 나중 시간과 처음 시간을 나타낸다. 따라서, 속도가 0인 시각의 위치는 극댓값이나 극솟값을 가지고, 속도가 극댓값이나 극솟값을 가지면 위치그래프는 변곡점이 된다.

둘째로, 함수를 표현하는 방법의 하나인 $y = ax^2 + bx + c$와 같이 위치를 $x = f(t)$ 꼴로 나타내는 방법에 대해 다루어 보자. 앞의 장에서 말한 갈릴레이의 '땅 위에서 물체를 자연스레 떨어뜨리면 물체가 떨어진 거리는 떨어지는데 걸린 시간의 제곱에 비례한다'는 설명을 어떻게 증명할 수 있을까? 매우 높은 건물의 옥상에서 땅바닥을 향해 쇠구슬을 자연스레 떨어뜨리면서 1초 간격으로 떨어지는 거리를 재어 표로 만들었더니 다음과 같았다고 가정하자.

〈표 3.5〉 1초 간격으로 잰 쇠구슬의 떨어진 거리

시간(초)		위치(미터)
0	↔	0
1	↔	4.95
2	↔	19.56
3	↔	44.05
4	↔	77.90
5	↔	122.80

갈릴레이의 주장이 맞다면 이 표를 그래프로 그리면 포물선이 나와야 한다. 이 표를 그래프로 나타내면 다음과 같다.

〈그림 3.4〉 떨어진 거리를 시간의 함수로 나타낸 그래프

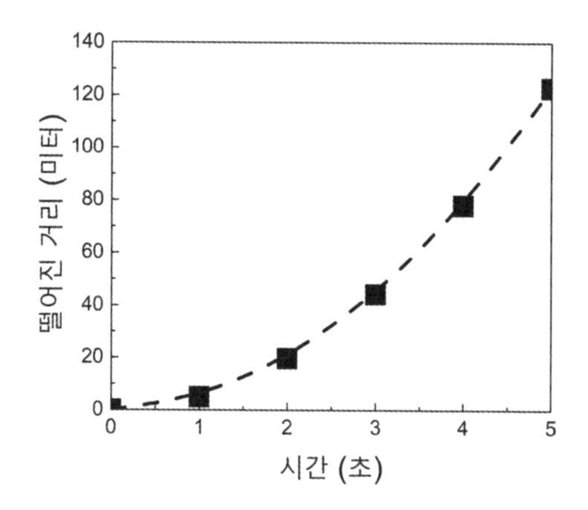

〈그림 3.4〉를 보면 점들을 부드럽게 이은 점선의 모양이 포물선과 비슷하기는 하지만 아직 확신할 수가 없다. 이러할 때 물리학자들이 쓰는 방법은 매우 다양하지만, 이 경우는 매우 간단한 방법이 있다. 다시 표를 만들되 〈표 3.5〉의 첫 번째 열을 시간이 아니라 시간의 제곱으로 바꾸는 것이다. 그리하면 다음과 같은 표가 된다.

〈표 3.6〉 쇠구슬의 떨어진 거리를 시간 제곱과 비교한 표

시간 제곱(초^2)		위치(미터)
0	↔	0
1	↔	4.95
4	↔	19.56
9	↔	44.05
16	↔	77.90
25	↔	122.80

이 표를 그래프로 그리면 다음과 같다.

〈그림 3.5〉 떨어진 거리를 시간 제곱의 함수로 나타낸 그래프

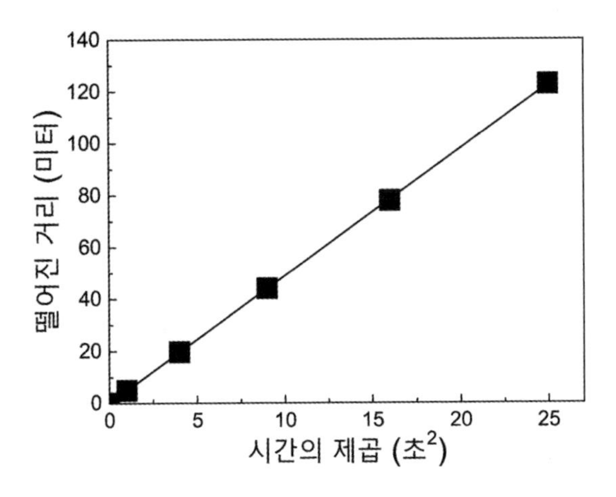

이 그림을 보면 모든 점들이 실선으로 표현된 직선에서 그리 멀리 떨어져 있지 않다는 것을 알 수 있다. 이 직선은 〈표 3.6〉의 데이터를 최소 제곱법이라는 수학적 방법을 이용하여 직선에 근사하도록 계산하여 그린 것이다. 이 직선의 기울기를 구하면 4.90m/s^{2}이 되는데 이 값은 중력 가속도 값의 반에 해당한다. 이 그래프를 이용하여 떨어진 거리 *d*를 시간의 함수로 나타내면

$$d = \frac{1}{2}gt^2$$

로 표현된다. 여기서 g는 중력 가속도를 나타낸다.

2. 가속도

- **가속도(加速度)**
  1. 일의 진행에 따라 점점 더해지는 속도. 또는 그렇게 변하는 속도.
  2. 『물리』 단위 시간에 대한 속도의 변화율. ≒속률[9]

- **acceleration**
  1. a) the act or process of moving faster or happening more quickly: the act or process of accelerating.
     b) ability to accelerate
  2. a) physics : the rate of change of velocity with respect to time
     b) broadly : change of velocity

앞에서 예로 든 부산으로 가는 자동차의 경우 속도계의 바늘이 정지해 있지 않고 계속 움직이는 것은 속도 역시 시간에 따라 일정하지 않다는 뜻이다. 그런데 이 바늘이 처음 자동차가 출발하여 고속 도로에 진입하여 고속 도로의 주행속도에 맞추려 하면 빠르게 움직이다가 자동차의 속도가 시속 100킬로미터에 가까워지면 천천히 움직인다. 그리고는 자동차가 정속 주행을 하면 바늘은 움직이지 않다가 운전자가 브레이크를 밟으면 바늘이 반대 방향으로 움직이기도 한다. 그리고 속도계의 바늘은 움직이지 않더라도 자동차가 굽은 길을 달리기도 한다. 이와 같이 서울에서 부산으로 가는 자동차는 항상 일정한 속도로 움직이는 것이 아니라 계속하여 속도가 변하고 있다. 그런데 속도계의 바늘이 빠르게 움직이기도 하고 느리게 움직이

9 '속률'이라는 낱말은 나에게도 생소할 뿐만 아니라 이 책을 쓰면서 처음으로 접해 본다. 현재 물리학에서 공식적으로 쓰는 쓰임말은 더더욱 아니다.

기도 하는 정도를 나타낼 수 있는 물리량은 없을까? 물론 있다. 그것이 바로 '가속도'이다.

속도와 마찬가지로 가속도에도 평균 가속도와 (순간)가속도가 있다. 이들에 대한 설명은 앞의 두 절에서 다루었던 속도에 관한 설명에서 '변위' 대신에 '속도의 변화'를 대입하면 충분하므로 여기에서 이러한 설명을 반복하기보다는 가속도에 대한 몇 가지 추가 설명만 하려 한다.

첫째로, 변위가 벡터양이므로 속도가 벡터양이었다면, 마찬가지로 속도의 변화 역시 벡터양이므로 가속도 역시 벡터양이다. 곧, 크기와 방향을 모두 기술해 주어야 가속도에 대한 완전한 기술이 된다. 둘째로, 어떤 물체가 가속도를 가지고 움직이고 있다면 그 물체의 운동은 어떠한 상태인지 알아내야 한다. 두 가지 운동 상태가 가능하다.

1. 속도의 크기 변화: 속력이 변하고 있다. 빨라지거나 느려진다.
2. 속도의 방향 변화: 물체가 곡선 경로를 따라 움직인다.

실제 대부분의 움직임은 이 두 가지 운동 상태가 함께 나타나지만, 우리가 일상생활에서 쉽게 접할 수 있는 운동 중에서 이 두 가지 운동 상태가 따로따로 나타나는 두 경우를 알아보자. 첫째로, 방향은 변하지 않고 속력만 변하는 상황은 반드시 직선 운동의 경우만 가능하다. 그래야만 속도의 방향이 변하지 않기 때문이다. 땅 위에서 물체를 자연스레 떨어뜨리면 이런 운동을 한다. 흔히 말하는 자유 낙하이다.[10] 둘째로, 속력은 변하지 않고

10 이러한 운동만을 자유 낙하라고 하는 것은 아니다. 중력 이외에는 아무런 힘을 받지 않고 운동하면 모두 자유 낙하라고 한다. 따라서 공기의 저항 등을 무시하면 지구 표면에서 물체를 아무렇게나 던져서 일어나는 포물선 운동도 모두 자유 낙하이다.

속도의 방향만 변하는 운동의 대표적인 예가 등속 원운동이다. 이때 가속도의 방향은 속도의 방향, 곧 운동 경로인 원의 접선 방향과 수직이다. 곧, 등속 원운동에서 가속도의 방향은 항상 원의 중심을 향한다. 원운동의 이런 가속도를 구심 가속도라 한다.

가속도를 보다 분명하게 이해하도록 다음의 몇 가지 물음에 답해 보자. 이 물음들은 모두 직선 운동에 국한해서 만들어졌다.

1. 가속도가 음수가 될 수 있나?
- 답은 '예'이다. 가속도는 벡터양이므로 직선 운동에서 부호는 단지 방향을 나타낼 뿐이다.

2. 가속도가 음수이면 속력은 줄어드나?
- 답은 '아니요'이다. 가속도가 음수이더라도 속도의 방향이 그 순간 음의 방향이면 속력은 늘어난다.

3. 가속도가 0이면 물체는 정지해 있나?
- 답은 '아니요'이다. 가속도가 0이 아니라 속도가 0이어야 정지해 있는 것이다.

4. 두 물체가 같은 직선상에서 운동하고 있다면 가속도가 큰 물체가 빠르게 움직이는 것인가?
- 답은 '아니요'이다. 가속도가 아니라 속력이 커야 빨리 움직이는 것이다.

이 물음들과 약간 결이 다른 물음을 해 보자. 돌멩이를 수직 방향으로 똑바로 던져 올리면 얼마간 올라가다 순간적으로 정지했다 다시 아래로 떨어진다. 바로 맨 꼭대기에 있던 순간 속도가 0이 된다. 이때의 가속도 역시 0이 되는가? 아니다. 여전히 이 돌멩이는 맨 꼭대기 점에서도 중력 가속도

9.8미터/초^{2}의 가속도를 가지고 있다. 물체가 정지한 순간에도 여전히 가속도가 0이 아니라고? 그렇다. 가속도는 0이 아니다. 우리는 이것을 어떻게 이해해야 하나? 수업시간에 이런 질문을 학생들에게 던지면 나름대로 답변을 하면서도 스스로도 확신이 없는 표정을 짓는다. 이때 나는 학생들에게 가끔은 거꾸로, 또는 뒤집어서 생각해 보라고 권한다. 곧, 돌멩이가 맨 꼭대기에 도착하여 정지한 순간의 가속도 역시 0이라면 어떤 일이 벌어질 것인지 예상해 보라 한다. 그러면 학생들은 곧바로 속도가 0인 순간에 가속도 역시 0이라면, 속도가 변할 수 없으므로 계속 정지해 있을 것이라고 답하면서 '아하!' 하는 표정을 짓는다. 어떤 물체든지 위로 던져 올리면 언젠가는 반드시 아래로 떨어진다는 것을 누구나 알고 있다. 꼭대기에 도착하여 계속 정지해 있을 수 없다. 다시 말하면 꼭대기에서 가속도가 0이 될 수 없다.

가속도에 대해 마지막으로 한 가지만 덧붙이면, 우리가 일상생활에서 쓰는 '감속(減速, deceleration)'은 물리학의 쓰임말이 아니다. '가속도'라는 쓰임말의 뜻에 이미 속력의 변화가 내포되어 있고, 여기서 변화란 늘어나는 것과 줄어드는 것을 모두 포함하기 때문이다. 무엇보다도 쓸데없는 혼란을 피하려고 물리학에서는 감속을 쓰임말로 삼지 않는다.

3장 힘

● 힘

1. 사람이나 동물이 몸에 갖추고 있으면서 스스로 움직이거나 다른 물건을 움직이게 하는 근육 작용.
2. 일이나 활동에 도움이나 의지가 되는 것.
3. 어떤 일을 할 수 있는 능력이나 역량.
4. 개인이나 단체를 통제하고 강제적으로 따르게 할 수 있는 세력이나 권력.
5. 약물 따위가 인체에 미치는 효력이나 효능.
6. 한 나라의 국력이나 세력.
7. 사물의 이치 따위를 알거나 깨달을 수 있는 능력.
8. 감정이나 충동 따위를 다스리고 통제할 수 있는 능력.
9. 기계나 기구 따위가 스스로 움직이거나 다른 물체를 움직이게 하는 작용.
10. 자연 현상이 일어나는 작용의 세기나 그것이 다른 사물에 영향을 미치는 작용.
11. 인간의 의지를 초월하여 세상일에 영향을 미치는 보이지 아니하는 작용.
12. 물건 따위가 튼튼하거나 단단한 정도.
13. 『물리』 정지하고 있는 물체를 움직이게 하고, 또 움직이고 있는 물체의 속도를 변화시키거나 아주 정지시키는 작용.

● force

1. a) i. strength or energy exerted or brought to bear : cause of motion or change : active power

   ii. capitalized —used with a number to indicate the strength of the wind according to the Beaufort scale

   b) moral or mental strength

   c) capacity to persuade or convince

2. a) military strength

   b) i. a body (as of troops or ships) assigned to a military purpose

ii. forces plural : the whole military strength (as of a nation)

c) a body of persons or things available for a particular end

d) an individual or group having the power of effective action

e) often capitalized : POLICE FORCE — usually used with the

3. violence, compulsion, or constraint exerted upon or against a person or thing
4. a) an agency or influence that if applied to a free body results chiefly in an accelera- tion of the body and sometimes in elastic deformation and other effects

   b) any of the natural influences (such as electromagnetism, gravity, the strong force, and the weak force) that exist especially between particles and determine the struc- ture of the universe
5. the quality of conveying impressions intensely in writing or speech
6. baseball : FORCE-OUT

'힘'은 일상생활에서도 매우 빈번히 쓰이는 말이지만 물리학 전체 쓰임말 중에서 가장 중요한 쓰임말이라고 하여도 지나친 말이 아니다. 일상생활에서 매우 빈번히 쓰인다는 것은 그만큼 뜻도 다양하다는 것이다. 과연 표준국어대사전을 보면 '힘'에 대한 설명 항목이 13개나 된다. 일상생활에서 '힘'이란 낱말을 들으면 그 뜻이 무엇인지, 말하거나 글을 쓴 사람의 의도를 짚어내야 한다. 그러나 '힘'이 물리학 쓰임말로 쓰이려면 이러한 혼돈을 피하고 명확하게 한 가지 뜻이어야 한다. 한 가지 뜻이라고 하니, 여러분은 아마도 "한 가지 뜻만 있으니 이해하기도 쉽겠군."이라고 생각하기에 십상인데 실상은 그렇지 않다. 여기서 '한 가지 뜻'이라는 것은 문맥이나 사용자의 의도에 따라 그 뜻이 달라지지 않고 언제나 변함이 없다는 뜻이다.

표준국어대사전의 설명 항목 13번을 보면 꼭 집어 『물리』라고 설명을 하였지만, 물리학에서 말하는 '힘'을 정확하게 설명하기에는 부족하다. 뿐만 아니라 오개념을 일으킬 우려도 매우 크다. 이 장을 다 읽고 나면 어느 정도 물리학에서 말하는 힘을 정확히 알겠지만, 여기서는 이 설명 항목의 문제점을 두 가지만 짚고 넘어가려 한다. 우선, 힘을 물체의 운동에만 초점을 맞추어 설명하였다는 것이다. 마치 정지한 물체에는 힘이 작용하지 않는다는 오해를 불러일으킬 수 있다. 그리고 '정지하고 있는 물체를 움직이게 하고'라고 하였는데, 마치 물체의 움직임이 힘에 의해 일어난다는 오해를 불러일으킬 수 있다는 것이다.

뒤에서 다시 자세히 설명하겠지만, 엄밀하게 말하면 힘과 물체의 움직임 자체는 관련이 없다. 옛날 사람들은 포탄이 대포를 떠나고 나서도 계속 날아가는 것을 보면서 어떻게 힘을 받지 않는데 계속 움직일 수 있을까 의아해하였다. "무엇인가가 그 물체를 '계속 밀어주어야' 움직일 수 있지 않을까? 그래서 아마도 모든 물체에는 그 물체에 깃든 정령이 있어. 손으로 물체를 던지면 이 정령이 손을 떠난 물체를 계속해서 밀고 있기 때문에 날아가고 있다."고 생각하였다. 물론 우리는 더이상 이렇게 생각하지 않는다. 물체의 움직임과 관련된 문제는 뒤에 자세히 다루기로 하자.

물리학 쓰임말 '힘'을 이해하려면 그 유명한 '뉴턴의 세 가지 운동 법칙'을 이해해야 한다. 사실 전통에 따라 지금도 '법칙'이라 부르지만, 뉴턴의 세 가지 운동 법칙들은 법칙이라기보다는 뭉뚱그려서 '힘'의 개념을 매우 정교하고 명확하게 설명한다고 보는 것이 더 적절하다.

이 세 가지 법칙에 대해 구체적으로 알아보기 전에 '법칙'에 대해 먼저 몇 가지만 다루려 한다. 법칙이란 어떤 과학적 가설이 풍부한 실험 결과에 따라 옳다고 판별이 난 것을 말한다. 그런데 이 법칙이라는 것이 아무 때나 적용이 되고 무조건 맞을 것이라고 착각하고 있지만 사실이 아니다. 어떠한 법칙도 그 법칙을 적용하려면, 그 법칙이 요구하는 조건을 만족하여야 한다. 다만, 예외는 있다. 예를 들어 물리학에서 매우 중요한 법칙 중에 '질량 보존의 법칙'이 있다. 이 법칙의 넓은 뜻은 '질량이란 새로이 만들어지지 않고, 그렇다고 사라지지도 않는다'는 것이다. 이러할 때 질량 보존 법칙은 아무런 조건을 요구하지 않는다. 그러나 이런 넓은 뜻의 법칙은 구체적인 문제를 풀어내는 데는 아무런 쓸모가 없다. 다음 경우를 생각해 보자. 여러분은 물 분자가 만들어지기 위해서는 수소 원자 두 개와 산소 원자 한 개가 필요하다는 것을 알 것이다. 이렇게 만들어지는 과정을 화학 반응식으로 나타내면,

$$2H_2 + O_2 \rightarrow 2H_2O$$

이 된다. 이것을 이용하여 수소분자 150개와 산소분자 100개를 섞어 가능한 많은 물 분자를 만들면 물 분자는 몇 개가 만들어지며, 만일 남는 분자가 있다면 무엇이 몇 개나 남을까 알고 싶다면 우리는 역시 질량 보존 법칙을 적용하여야 한다. 아마도 화학을 잘 아시는 분들은 질량 보존 법칙을 적용하여 쉽게 150개의 물 분자가 만들어지고 25개의 산소 분자가 남는다는 것을 알 것이다. 이때 질량 보존 법칙을 적용하려면 다음 조건을 만족하여야 한다. 화학 반응이 일어나는 사이에 수소와 산소를 포함한 어떤 분자도 이 계 안으로 더 들어가거나 계에서 빠져나오는 일이 없어야 한다. 과학자들은 이것을 고상하게 '닫힌계에서는 질량이 보존된다'라고 질량 보존 법칙을 좁은 뜻으로 말하고, 실제 문제를 해결하는 데 쓴다. 여기서 '닫힌계에서는'이라는 문구가 질량 보존 법칙 적용의 전제 또는 조건이다. 이와 같이 어떤 법칙을 써서 구체적인 문제를, 특히 '수량적'으로 풀어내려면 그 법칙을 적용할 수 있는 조건을 만족하는지 따져 보아야 한다.

1. 제1 운동 법칙

뉴턴의 제1 운동 법칙을 서술하는 방법은 두 가지가 있다.

1. 어떤 물체에 작용하는 힘이 없다면 그 물체는 자신의 운동 상태를 유지한다. 곧, 정지해 있던 물체는 계속 정지해 있고, 움직이는 물체는 일정한 속도로 직선 운동을 한다.
2. 만일 어떤 물체가 다른 물체와 서로작용하지 않는다면, 그 물체의 가속도가 0으로 관찰되는 기준틀을 찾아낼 수 있다.

아마도 첫 번째 서술은 익숙하지만 두 번째 서술은 생소한 분들이 많을 것이다. 사실 첫 번째 서술은 뉴턴이 한 것이고, 두 번째 서술은 첫 번째 서술을 현대적으로 재해석한 것이다. 두 번째 서술이 나오는 이유는 여러 가지가 있지만 여기서 다룰 만한 성질의 것이 아니므로 여러분은 그저 두 서술이 근본적으로는 같은 이야기라는 것만 이해하면 된다. 다만, 두 번째 서술에서 '어떤 물체가 다른 물체와 서로작용하지 않는다면'이라고 하였는데, 이 말은 그 물체에 어떤 힘도 작용하고 있지 않다는 뜻이다. 그러나 여러 힘이 어우러져 비김을 이루는, 알짜힘이 0인 경우는 제2 운동 법칙에서 다룬다.

앞에서 '엄밀하게 말하면 물체의 움직임 자체는 힘과 관련이 없다'고 하였는데 이제 그 뜻을 따져 보아야 한다. 나는 제1법칙을 강의할 때면 먼저 학생들에게 질문을 던진다. 탁자 위에 놓여 있는 책이나 필기구를 손으로 쓱 밀치면서 "왜 이 물체가 움직였을까요?" 하고 묻는다. 그러면 학생들은 '이 정도 쉬운 질문쯤이야.' 하는 표정으로 바로 "선생님께서 그 물체에 힘을 주었기 때문입니다."라고 답한다. 그러면 나는 이내 교실의 벽에 다가가 손을 짚고 힘껏 민다. 너무도 당연히 벽은 전혀 움직이지 않았다. 다시 학생들에게 "나는 아주 큰 힘을 들여 벽을 밀었건만 왜 벽은 움직이지 않지요?"라고 되묻는다. 그런데 어떤 학생이 "선생님이 너무 약해서 충분히 센 힘을 주지 않았기 때문입니다."라고 답한다.

맞는 말인데도 내가 너무 약해서 그렇다니 왠지 기분은 영 '아니올시다'이다. 그러면 다시 탁자 위의 물체를 쓱 밀치고는 이내 움직이다 정지하는 물체를 가리키면서 묻는다.

"내가 힘을 주어 움직였던 이 물체가 왜 정지했을까요?"

"탁자 표면과 그 물체 사이의 마찰력이 움직이던 물체를 정지시켰습니다."

이때 나는 한 번 더 질문을 던진다.

"왜 어떤 힘은 정지해 있던 물체를 움직이게 하고, 어떤 힘은 물체를 전혀 움직이지 못하고, 어떤 힘은 심지어 움직이던 물체를 정지시킬까요? 모두 '힘'이란 특성은 같은데 왜 다른 결과를 낼까요?" 하고 묻는다. 그럼 학생들의 얼굴에 이 궁금증에 대해 알고 싶어 하는 기색이 역력해진다. 그러면 나는 한층 목소리를 높여

"엄밀하게 말해서 물체의 움직임 자체는 힘과 직접 관련이 없습니다." 라고 말하면 학생들은 '이게 무슨 소리야?' 하는 어리둥절한 표정을 짓는다. 이때 나는 제1 운동 법칙을 설명하면서 힘이 작용하지 않아도 물체가 움직인다는 사실을 설명한다. 다시 말하면, 힘을 받지 않는 물체가 움직이는 예가 바로 제1 운동 법칙이라는 것을 보여준다. 그래도 아직 미심쩍은 부분이 남았다고 생각하는 학생들에게 다음 두 가지를 설명하여 준다.

첫째, 힘이 물체의 움직임 자체와 직접 관련이 없다면 어떻게 정지한

읽기 쉽고
보기 좋은
사람의무늬
교양서

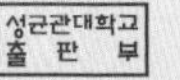
사람의무늬
성균관대학교
출 판 부

모두를 위한 소프트웨어 입문서

한 권으로 시작하는 소프트웨어

한옥영 지음 | 16,000원

지금 우리에게 가장 필요한 소프트웨어를 이해하기 위한 첫걸음
소프트웨어를 아는 자가 미래를 연다

세상은 예나 지금이나 아는 만큼 보인다. 앞으로 다가올 세상을 준비해야 하는 청소년들에게 관련 분야의 최전선에서 학생들을 지도하는 교육자로서 많은 것을 보여주고, 가르쳐주고 싶은 마음에 이 책을 준비했다. 청소년뿐만 아니라 세상이 주목하는 소프트웨어가 무엇인지 너무 알고는 싶지만, 아직도 먼 이야기로만 느끼는 모두를 위한 책이다.

다시 시작하는 물리 공부

물리요?

이주열 지음 | 15,000원

측정, 운동, 힘, 일, 에너지, 중력…
쓰임말로 만나는 물리 입문서

많은 사람들이 물리학 용어인 운동이나 힘, 일 같은 일반적인 역학 쓰임말들은 일상생활에서 흔하게 사용하지만, 물리에 대한 어려움과 거리감을 가지고 있다. 정작 물리학에서의 진짜 뜻과 일상적인 뜻이 다르게 사용되는 경우가 많기 때문이다. 따라서 물리학의 대표적인 쓰임말을 이해한다면 물리학 개념을 잡는 데 큰 도움이 될 것이다. 이 책을 통해 물리학 쓰임말의 개념을 더 정확하게 이해한다며, 물리에 보다 친근하고 편하게 다가갈 수 있을 것이다.

물체를 움직이게 할 수 있나? 힘 없이도 정지해 있던 물체가 저 스스로 움직일 수 있는가? 이 질문에 대해서는 또 두 가지 논의를 통해 분명히 해야 한다. 우선, 힘 없이도 정지해 있던 물체가 저 스스로 움직일 수 있다는 것을 보여주면 된다. 탁자 위에 물체를 놓아둔 채로 내가 탁자로부터 멀어지면서 학생들에게 "자, 저 물체에 아무런 힘이 작용하지 않았음에도 내가 관찰하기에는 움직이고 있지 않습니까?" 하고 묻는다. 그러면 학생들은 이것이 무슨 속임수라도 되는 양 믿기지 않는다는 표정을 짓는다. 그러나 속임수가 아니라 모든 운동은 상대적이라는 설명과 함께 교실을 걸으며 다시 묻는다.

"여러분, 지금 내가 걷고 있는데, 내가 앞으로 움직이는 것입니까? 아니면 나는 가만히 있는데 교실이 제가 알아서 뒤로 물러나는 것입니까?"

학생들이 보기에는 내가 앞으로 걸어가는 것이지만, 나의 관점에서는 교실 바닥이 뒤로 물러나는 것이다. 아주 좋은 예는 아니지만 물체가 힘을 받지 않고도 스스로 움직일 수 있다는 증거로는 충분하다. 그렇다면, 정지해 있던 물체가 움직이기 시작하는 것은 어떻게 설명해야 하나? 힘이 직접 물체를 움직이게 하는 것이 아니라, 힘[1]을 주면 물체의 가속도가 생겨야 하는데, 정지해 있는 물체에 가속도가 생기면 나타나는 효과는 속도가 0이 아니게 되는 것밖에 없으므로 우리에게는 물체가 움직이는 것으로 관찰되는 것이다. 이 부분에 대해서는 내가 서술한 문장에서 '엄밀하게'와 '직접'이라는 두 낱말에 주의를 기울이면 쉽게 이해할 수 있다. 물론, 이러한 엄밀성이

1 더 정확하게는 뒤에서 다룰 '알짜힘'이다.

여러분의 물리학 이해에 대한 어려움을 증가시킨 것은 맞지만 일반적으로는 이렇게 '늘' 엄밀해야 할 필요는 없다. 다만 힘의 개념을 더 정확히 갖기 위해서는 한 번쯤 이러한 엄밀함을 생각하는 것도 필요하다.

둘째, 그렇다면 정지해 있는 물체에는 움직이는 물체와 달리 무슨 특별함이 있는가? 없다. 힘이 작용하지 않으면 물체의 속도가 일정하다고 하였다. 바로 이 '일정한' 값이 0이면 정지한 것이고 0이 아니면 움직이는 것이므로, 정지한 상태란 속도가 0으로 일정한 상태일 뿐이다. 그러면 움직이던 물체는 어떻게 정지하는가? 물체를 정지시키려면 물체의 운동 방향을 거스르는 힘이 작용하여 물체의 속력을 줄여야 한다. 곧, 감속시켜야 한다. 그런데, 감속을 계속하여 속도가 0이 되는 순간 '우연히도' 그 물체를 감속시키던 힘이 사라지고, 알짜힘이 0이 되어서 변하지 않는다면 계속 정지한 상태를 유지할 것이다. 물론, 엄밀하게는 이 정지 상태를 설명하기 위해서는 제1 운동 법칙이 아니라 제2 운동 법칙을 적용해야 한다.

다음으로는 우리의 일상생활에서 겪는 제1 운동 법칙이 적용되는 상황들을 떠올려 보자.

1. 내가 탄 버스가 정지하려 하면 마치 누가 나를 차 앞쪽으로 미는 것 같다.
2. 옷에 묻은 먼지를 털어내기 위해 옷을 턴다.
3. 테이블보가 덮인 탁자 위에 유리잔과 접시들을 올려놓고 마술사가 빠르게 테이블보를 잡아당겨 빼내도 유리잔이나 접시들은 탁자 옆으로 떨어지지 않고 제자리에 있다.
4. 예초기 날이 빨리 돌면서 풀을 벤다.

흔히 제1 운동 법칙을 관성의 법칙이라고도 부른다. 그렇다면 관성은 또 무엇인가?

2. 관성

- **관성(慣性)**

  1. 『물리』 물체가 밖의 힘을 받지 않는 한 정지 또는 등속도 운동의 상태를 지속하려는 성질. 보통 질량이 클수록 물체의 관성이 크다. ≒습관성, 타성.

- **inertia**

  1. a) a property of matter by which it remains at rest or in uniform motion in the same straight line unless acted upon by some external force

     b) an analogous property of other physical quantities (such as electricity)

  2. indisposition to motion, exertion, or change : INERTNESS

물리학자에게 관성이 무엇이냐고 물으면 다음과 같이 답할 것이다.

외부에서 가해지는 힘이 없다면 물체가 자신의 운동 상태를 유지하려는 성질.

혹은 다음이라고 말하기도 한다.

물체가 자신의 운동 상태를 변화시키려는 외부의 자극에 저항하는 성질.

여러분은 이 둘의 차이를 알 수 있는가? 사실 얼핏 보아서는 이 두 서술의 차이를 알아채기 힘들다. 그러나 약간은 미묘한 차이가 있는데, 대개 물리학자들은 후자를 선호한다. 첫 번째 서술은 '외부에서 가해지는 힘이 없다면'이라는 전제 조건으로부터 알 수 있듯이 사실 뉴턴의 제1 운동 법칙을 달리 표현한 서술에 근접한다. 그러나 후자는 외부에서 힘이 작용하든 하지 않든 상관없다. 물리학자들이 후자를 선호하는 또 다른 이유는, 관성도 물리학의 쓰임말이므로 수량화할 수 있어야 하기 때문이다.

그렇다면 관성이 큰 물체도 있고, 작은 물체도 있는가? 그렇다. 이렇게 관성의 크기를 나타내는 데에는 후자의 개념이 더 쓸모가 있다. 이 관성의 크기는 관성 자체가 아닌 다른 물리량으로 표현한다. 그것은 바로 우리에게 익숙한 '질량'이다.

3. 질량

- **질량(質量)**
  1. 『물리』 물체의 고유한 역학적 기본량. 관성 질량과 중력 질량이 있다. 국제단위는 킬로그램(kg).

- **mass**
  1. a) a quantity or aggregate of matter usually of considerable size
     b) i. EXPANSE, BULK
        ii. massive quality or effect
        iii. the main part or body
        iv. AGGREGATE, WHOLE

c) the property of a body that is a measure of its inertia and that is commonly taken as a measure of the amount of material it contains and causes it to have weight in a gravitational field
2. a large quantity, amount, or number
3. a) a large body of persons in a group
   b) the great body of the people as contrasted with the elite — often used in plural

앞에서 관성의 크기를 나타내는 물리량이 질량이라 하였다. 이 개념을 보다 정확히 이해하려면 뉴턴의 제2 운동 법칙을 이해해야 하므로 여기서는 먼저 질량에 대해 두 가지 이야기를 하려 한다.

첫 번째로, 표준국어대사전의 질량에 대한 설명을 보면 질량에는 '관성 질량'과 '중력 질량'이 있다고 하였다. 아마 여러분도 이렇게 알고 있는 분이 많을 것이다. 결론부터 말하면 이 둘의 차이가 매우 심오하고 어려운 이론에 의해 구분되고, 서로 매우 다른 것은 아니라는 것이다. 우리가 어떤 물체의 질량을 재기 위해서는 힘을 주어서 그 물체의 반응, 더 정확하게는 가속도를 재면 알 수 있다.[2] 이때 주는 힘이 중력이면 중력 질량을 잰 것이고, 중력이 아닌 힘을 주어 쟀다면 관성 질량을 잰 것이다. 우리가 욕실에 있는 저울로 잰 것은 중력 질량이다. 그런데, 관성 질량을 쉽게 잴 수 있을까?

간단한 방법이 있다. 용수철을 압축시켜 실 같은 것으로 묶어서 마찰이 없는 탁자 위에 놓고 용수철의 양끝에 서로 다른 질량을 갖는 쇠구슬을 밀착시켜 놓는다. 이제 성냥불을 켜서 실을 태우면 용수철이 원상태로 돌아가면서 두 쇠구슬을 밀어낼 것이다. 이렇게 굴러가는 두 쇠구슬의 속력

2 바로 이것 때문에 질량을 정확하게 이해하려면 뉴턴의 제2 운동 법칙을 먼저 이해해야 한다고 한 것이다.

을 재어서 그 비의 역수를 구하면 이것이 질량의 비이다. 이렇게 잰 질량이 관성 질량이다. 그런데 아인슈타인은 그의 일반 상대성 이론에서 두 질량이 동등하다는 것을 보여 주었으므로 더 이상 이 둘에 대해서는 관심을 두지 않는 것이 정신 건강에 이롭다.

두 번째로 질량의 기본 단위에 대해서 말하려 한다. 지금 우리가 일상 생활에서 쓰는 질량의 기본 단위는 '킬로그램(kg)'이다. 그렇다면 1킬로그램은 무엇의 질량인가? 지금 우리가 쓰고 있는 국제단위계를 정하던 초기에는 1킬로그램을 이렇게 정의하였다.

온도가 4°C이고 1기압의 압력이 가해진 순수한 물 1리터의 질량.

이렇게 질량의 기본 단위를 정한 이유는 누구나 여기에 제시한 조건을 만족한 상태에서 질량의 표준으로 쓸 수 있기 때문이다. 문제는 어떻게 정확하게 온도가 4°C이고 압력이 1기압인 환경을 만들어낼 수 있는가 하는 것과 '순수한 물'이란 무엇인가 하는 것이다. 온도와 압력을 정확히 맞추는 것이 간단한 일은 아니지만 여기서는 '순수한 물'에만 관심을 두자. 이론적으로 '순수한 물'이란 당연히 수소 원자 두 개와 산소 원자 한 개가 어우러져 만들어진 물 분자(H_2O)들로만 이루어진 물을 뜻한다. 그러나 불행히도 자연은 100% 순도의 물질을 허용하지 않는다.[3] 불순물이 섞인 물질에 비해 순수한 물질이 열역학적으로 불안정하기 때문이다. 인공적으로 순도를 높여 만든 물질 중에 최고의 순도를 자랑하는 물질이 바로 반도체 산업에서 가

3 참으로 아름답지 아니한가? 자연은 이미 소위 말하는 '순수함' 따위를 가장한 어떠한 혐오도 허락하지 않는다. 무지개처럼 다양한 삶이 자연스러운 것이다. '불순한 것'이 자연에서는 더 '자연스럽다'.

장 많이 쓰이는 실리콘(Silicon, 원소기호 Si, 원자번호 14)인데, 집적회로를 만드는 데 쓰이는 실리콘의 순도는 반도체 소자의 성능을 결정하는 중요한 요소이다. 현재 상품화된 실리콘 웨이퍼의 경우 순도 99.999999999% 정도가 가장 우수한 제품이다. 무려 9가 11개나 들어 있다. 물론 실험실에서는 이보다 더 순수한 실리콘을 정제해 내기도 한다. 이런 물질을 우리는 '순수한' 실리콘이라 불러도 무방하다. 그러나 순도 99.999999999%의 순수한 물질이라도 이 물질 1cc 안에는 적어도 천억 개 이상의 불순물 원자들이 포진해 있다.

이와 같은 어려움으로 인해 한동안 1킬로그램을 프랑스 파리에 있는 국제 도량형국에 보관된 킬로그램 원기의 질량으로 정의하였다. 그러나 이것 역시 불안정하다. 왜냐하면 물질이 영원히 절대 불변일 수 없기 때문이다. 그래서 2018년에 국제 도량형국에서는 플랑크 상수, 빛의 속도, 그리고 세슘 원자가 내는 여러 빛 중에서 특정 진동수를 갖는 빛의 주기를 이용하여 길이, 질량 그리고 시간의 표준을 정하도록 결정하였다.

4. 제2 운동 법칙

흔히 가속도의 법칙이라 불리는 뉴턴의 제2 운동 법칙을 뉴턴의 원래 서술 그대로 옮겨 적는다면 다음과 같다.

> 어떤 물체가 갖는 운동량의 시간 변화율은 그 물체에 작용한 알짜힘과 같고 방향은 알짜힘의 방향과 같다.

이 서술은 매우 정확한 서술이지만 '운동량'이 무엇인지 알아야 하므로 뒤로 미룬다. 어떤 물리학자들은 이 서술을 '힘의 정의'라고도 한다. 그럼 우리가 흔히 알고 있는 서술에 대해 생각해 보자.

> 어떤 물체에 알짜힘이 작용하면 가속도가 생기는데
> 1. 이 가속도의 크기는 알짜힘의 크기에 비례하고, 물체의 질량에 반비례한다.
> 2. 가속도의 방향은 알짜힘의 그것과 같다.

두 번째 서술이 우리에게는 더 익숙하다. 사실 이 서술에는 '어떤 물체에 알짜힘이 작용하면'이라는 전제 외에도 '물체의 질량이 일정하다면'이라는 전제가 숨어 있다. 어떻게 물체의 질량이 변할 수 있겠느냐고 되물을 수 있겠지만, 정밀하게 들여다보면 질량이 일정해 보이는 어떤 '거시적 물체'도 질량이 일정하지는 않다. 예를 들어 우리의 몸무게는 음식을 먹으면 늘어나고, 땀을 흘려 증발시키고 나면 줄어든다. 따라서 우리 몸의 질량이 일정하지 않다는 것을 알 수 있다. 고속 도로를 달리는 자동차의 질량은, 계속해서 연료를 태워 배출하므로, 쉼 없이 줄어든다. 다만, 이 경우 줄어드는 질량의 크기가 자동차 전체의 질량에 비해 무시할 수 있을 정도로 작기 때문에 이 정도의 질량 변화는 실제 문제를 풀거나, 자동차를 설계할 때에는 무시해도 괜찮다.

미시적 관점에서 들여다보면 물체의 경계에서 끊임없이 주변 환경과 상호 작용하여 우리가 쉽사리 눈치챌 수 없을 정도로 매우 작기는 하지만 주변 환경과 물질을 주고받는다. 따라서 질량이 일정할 수는 없다. 그러나 우리가 다루는 거시적 관점에서 보면 이 정도의 변화는 무시해도 충분하다. 다만, 질량의 변화를 무시할 수 없는 대표적인 경우가 있는데 바로 인공위성을 쏘아 올리는 로켓의 경우이다. 여러분은 우주로 쏘아 올리는 로켓의 연료통이 나중에 지구로 귀환하는 우주선에 비해 월등히 크다는 것을 잘 알고 있을 것이다. 로켓이 쏘아 올려지는 동안 이 연료통에 있는 연료를 태워 분사하는데, 이때 질량의 변화가 매우 크다. 이때는 반드시 첫 번째 서술을 이용하여 힘을 구해야 한다.

그런데, 두 번째 서술이 인류에게 가장 잘 알려진 물리학의 공식을 말로 풀어 쓴 것이다. 힘을 F, 질량을 m, 가속도를 a라 하면 $F=ma$라는 식이 나온다.[4] 하지만 수학을 좀 하시는 분들은 말로 풀어 쓴 것을 이렇게 '수식화'하는 과정에 약간의 의문을 품을 것이다. 잠시 수학적인 이야기를 하더라도 널리 헤아려 주길 바란다.

가속도의 크기가 알짜힘에 비례한다고 하였으니 이를 수학적으로 표현하면,

$$a \propto F$$

이 되고, 가속도의 크기가 물체의 질량에 반비례한다 하였으니 역시 이를 수학적으로 표현하면,

$$a \propto \frac{1}{m}$$

이 된다. 이 둘을 결합하면,

$$a \propto \frac{F}{m}$$

4 이와 같이 말로 풀어쓴 설명을 보고 이를 수식으로 간단히 표현하는 능력이 물리학도에게는 반드시 필요한데, 이것이 바로 물리학자에게 국어 실력이 중요하다고 말한 구체적인 예라고 생각한다. 물론, 수식을 보고, 말로 풀어서 설명하는 능력 역시 국어 실력을 필요로 한다.

이 된다. 이 비례식을 방정식으로 바꾸려면 비례상수 k를 사용하여,

$$a = k\frac{F}{m}$$

로 써야 한다. 이를 다시 정리하면

$$F = \frac{1}{k}ma$$

가 되어 $F=ma$와는 다르다. 이때 $k=1$로 놓으면 문제를 해결할 수 있다. 바로 이 과정이 질량을 정의하는 과정이다. 곧, 어떤 물체의 질량을 알고 싶으면 그 물체에 이미 알고 있는 힘을 주어 가속도를 재면 구할 수 있다. 바로 알짜힘의 크기를 가속도의 크기로 나누어 주면 질량이 나온다.

가속도를 내기 위해서는 알짜힘이 있어야 하는데, 그 가속도가 알짜힘에는 비례하지만 질량에는 반비례한다고 하였다. 따라서 어떤 물체에 가해지는 알짜힘을 두 배로 늘리면 가속도 역시 두 배로 늘어난다. 여기까지는 쉽게 이해가 된다. 그런데 그 가속도가 질량에는 반비례한다는 것은 도대체 무슨 뜻일까? 물론 질량이 서로 다른 물체에 같은 알짜힘을 주면 가속도가 서로 다르다는 것은 자명하지만 어떻게 다른가? 이것 역시 질량을 정의하는 과정의 하나이다. 앞서 관성 질량과 중력 질량에 대해 설명하면서 들었던 용수철에 매단 두 쇠구슬의 예를 다시 들여다보자. 바로 압축된 용수철이 원상태로 돌아가면서 두 구슬을 밀어내, 두 구슬이 갖게 되는 속력의 비를 구하면, 그 역수가 질량의 비에 해당한다고 하였으나, 엄밀하게 말하면 그렇게 되도록 질량을 정의한 것이다.

앞에서 관성의 크기를 나타내는 물리량이 질량이라 하였는데 이제 그 뜻을 보다 구체적으로 따져 보자. 가속도의 크기는 질량에 반비례한다. 왜, 굳이 반비례하도록 질량을 '정의'하였을까? 앞의 용수철과 두 쇠구슬의 예

에서 최종 속력의 비를 구해 '역수'를 택하면 그것이 질량의 비가 된다고 하였다. 왜, 굳이 역수로 선택하였을까? 역수가 아닌 최종 속력의 비가 질량의 비가 되도록 질량을 정의하였더라면 복잡함이 줄어들어 더 쉽게 물리학을 이해할 수 있지 않았을까? '정의'의 문제이므로, 새로운 물리량 $\mu \equiv \frac{1}{m}$을 정의하여 지금 사용하고 있는 모든 물리학 수식들에 나타나는 m을 $\frac{1}{\mu}$로 바꾸어 주어도 모든 물리학 이론에 아무런 영향을 끼치지 않는다. 그런데도 왜 가속도가 질량에 '굳이' 반비례한다고 하였을까? 그것은 질량이 관성의 크기를 나타내는 것이기 때문이다.

관성을 짧게 줄여 말하면 운동 상태의 변화에 저항하는 성질이라 할 수 있다. 여기서 운동 상태의 변화란 구체적으로 가속도를 말한다. 따라서 관성이 변화에 저항한다는 것은 관성이 큰 물체에 알짜힘을 주어 나타나는 가속도는 관성이 작은 물체에 알짜힘을 주어 나타나는 가속도에 비해 그 크기가 작다는 뜻이다. 이와 같은 관성과 가속도의 관계를 가장 간단한 수학적 관계로 나타내면 반비례 관계이다. 이때 질량을 관성의 크기를 나타내는 물리량으로 정하면 당연히 가속도는 질량에 반비례해야 한다. 따라서 질량이 큰 물체의 관성이 질량이 작은 물체의 관성보다 크다. 여러분이 이러한 사정을 잘 이해하였다면, 왜 물리학자들은 관성을 '자신의 운동 상태를 유지하려는 성질'보다 '운동 상태의 변화에 저항하는 성질'이라는 표현을 더 선호하는지 알게 되었을 것이다.

앞에서 제2 운동 법칙을 다루면서 아무런 설명 없이 슬그머니 사용한 물리학 쓰임말이 있다. 바로 '알짜힘'이다. 힘이면 그냥 힘이지 '알짜힘'은 또 무엇인가? 우주에는 매우 다양한 물질 또는 물체가 존재하고, 또 이들은 다양한 서로작용으로 서로 얽혀 있다. 따라서 어느 한 물체에 단 하나의 힘만 작용하는 일은 사실 벌어지지 않는다. 어느 한 물체에 작용하는 힘이 하나가 아니라 여럿이라면 가속도 역시 여럿이라는 말인가? 그렇지는 않다. 만일 가속도가 여럿이라면 그 물체는 도대체 어떤 가속도에 의해 운동이 결정되는 것일까? 실제 물체의 운동을 살펴보면 분명히 가속도는 하나인 것처럼 행동한다. 그렇다면 이 가속도를 결정해주는 힘은 무엇이란 말인가? 그것은 알짜힘이다. 알짜힘이란 여러 개의 힘이 한 물체에 작용하고 있을 때 그 여러 힘들을 한데 묶어 더해 주어 마지막으로 남는 결과이다. 여기서 힘들을 서로 더해 준다는 것은, 힘이 벡터양이므로, 벡터의 덧셈 공식을 이용하여 더해 주어야 한다. 바로 이 알짜힘이 가속도를 결정하여 준다. 그리고 알짜힘은 엄밀히 말해 힘이 아닌데, 이 문제는 제3 운동 법칙에서 다시 자세히 다룬다.

지금까지는 한 물체에 작용하는 힘이 물체의 운동에 어떤 영향을 미치는지 살펴보았다. 바꾸어 말하면 힘이 작용하면 어떤 효과가 나타나는가에만 관심을 가졌지 그 힘이 어떻게 만들어지는지에는 관심이 없었다. 이 문제는 뉴턴의 제3 운동 법칙을 이해하면 답을 얻을 수 있다.

5. 제3 운동 법칙

뉴턴의 제3 운동 법칙을 서술하면 다음과 같다.

> 두 물체가 서로작용하고 있으면 두 물체가 서로 힘을 주고받는데, 한 물체가 다른 물체에 힘을 주면, 힘을 받은 물체는 다시 원래의 물체에 크기가 같고 방향이 반대인 힘을 준다.

한 물체가 다른 물체에 준 힘을 '작용'이라 하면, 그 물체가 원래의 물체에 주는 힘을 '반작용'이라 한다. 반작용은 작용과 크기가 같고 방향이 반대이다. 이런 이유로 뉴턴의 제3 운동 법칙을 '작용-반작용 법칙'이라 부르기도 한다. 여기서 주의해야 할 점은 작용과 반작용을 정하는 특별한 원칙이 있는 것은 아니라는 것이다. 뉴턴의 제3 운동 법칙을 적용하려면 반드시 두 물체가 서로작용해야 한다. 따라서 두 개의 힘이 있다. 이때 그저 한 힘을 작용이라 정하면 자동적으로 다른 힘이 반작용이 되는 것이니 크게 신경 쓸 일이 아니다.

제3 운동 법칙의 전제 조건은 '두 물체가 서로작용할 때'이다. 앞의 두 법칙이 한 물체에 대한 것이라면 제3법칙 반드시 두 물체가 서로작용할 때 적용된다. 따라서 작용과 반작용은 따로따로 나타날 수 없고 반드시 함께 쌍으로 나타나야 한다. 또한 한 물체에 작용하는 힘들에 대해 작용, 반작용을 적용하면 안 된다. 뒤에서 다룰 운동량 보존 법칙은 바로 여러 개의 물체로 이루어진 계에서 물체들이 서로작용하더라도 외부에서 작용하는 힘이 없다면, 이들 작용-반작용 쌍들은 서로 상쇄되어 계 전체의 운동량에는 변화를 주지 못하게 되어 계의 총 운동량이 보존된다는 것이므로, 제3 운동 법칙과 운동량 보존 법칙은 밀접하게 연결되어 있다.

이제 제3 운동 법칙이 가지고 있는 숨은 뜻을 살펴보자. 우선, 앞선 두 법칙이 한 물체에 작용하는 힘의 효과에 대해 설명하고 있다면, 제3 운동 법칙은 바로 그 힘이 어떻게 생성되는가를 말해 준다. 곧, 어떤 물체의 운동에 영향을 미칠 수 있는 힘은 반드시 자신 이외의 다른 물체와의 서로작용을 통해 나타난다는 것이다. 그래서 어떤 물리학자들은 뉴턴의 운동 법칙들을 서술할 때 그냥 힘이라 하지 않고 '외부 힘'이라고 꼭 집어 말하기도 한다. 그런데 어떤 경우에는 한 물체에 작용하는 힘들 중 아무리 살펴보아도 이렇게 외부 물체와의 서로작용을 통하지 않고 나타나는 힘들이 있는데 이런 힘을 우리는 '가짜 힘(fictitious force)'이라고 한다. 앞에서 물체에 힘을 가하지 않아도 정지했던 물체가 움직이게 할 수 있다고 든 예에서 보여준 가속도를 내는 힘이 바로 가짜 힘이다.[5] 그리고 알짜힘이 엄밀하게는 힘이 아니라고 한 이유도 바로 이것 때문이다. 알짜힘은 가짜 힘은 아니지만 다른 물체와의 서로작용으로 구현되는 힘도 아니다.

또 다른 숨은 뜻은 어떤 물체도 자신의 운동에 자신이 직접 영향을 줄 수 없다는 것이다. 우주 유영을 하는 우주 비행사들이 자신이 원하는 방향으로 움직이기 위해서는 반드시 움직이려는 방향과 반대 방향으로 기체나 액체를 분사하여 가속도를 얻어야 하는 이유가 바로 이것이다. 우리가 걷는 것을 생각해 보자. 걷기 위해서는 발바닥으로 땅을 뒤로 밀어야 한다. 우리는 흔히 이 힘이 우리를 앞으로 나아가게 한다고 하지만, 옳은 말이 아니다. 내가 땅을 뒤로 밀었는데 어떻게 내 몸이 앞으로 가속되는가? 내 몸이 앞으로 가속되려면 나에게 앞으로 작용하는 알짜힘이 있어야 하는 것 아닌가? 나를 앞으로 가속시키는 알짜힘은 어디에서 나타난 것인가? 나를 앞으로 가속시키는 알짜힘은 바로 내 발바닥과 땅 표면 사이의 마찰력이다. 내가 땅을 뒤로 밀면(작용) 땅이 나를 앞으로 미는 힘(반작용)을 나에게 작용시킨다. 엄밀하게 말하면 내가 내 힘으로 앞으로 나아가는 것이 아니라 땅이 나를 앞으로 가속시키고 있는 것이다.

뉴턴의 제3법칙을 보다 더 명확히 알기 위해 다음 몇 가지 질문에 대해 '예', '아니요'로 답해 보자.

5 아인슈타인의 일반 상대성 이론에 따르면 이러한 가짜 힘과 '진짜' 힘의 구분은 무의미하다.

1. 책상 위에 책이 놓여 있다. 이 책에 작용하는 힘들을 보면 지구가 책을 아래로 끌어당기는 중력과 책상 바닥이 책을 밀어 올리는 수직 항력이 있다. 이 두 힘은 서로 크기가 같고 방향이 반대이니 중력과 수직 항력은 작용-반작용 쌍이다.

- 아니요. 중력과 수직 항력은 작용-반작용 쌍이 아니다. 두 가지로 그 이유를 설명할 수 있다. 우선, 두 힘은 모두 한 물체에 작용하는 것이니 제3 운동 법칙을 적용할 수 없고, 따라서 작용-반작용 쌍이라 말할 수 없다. 그렇다면 중력의 반작용은 무엇인가? 바로 책이 지구를 끄는 힘이다. 마찬가지로 수직 항력의 반작용은 책이 책상 바닥을 누르는 힘이다. 또 다른 이유는, 작용과 반작용 쌍은 같은 성격의 힘이어야 하는데, 이 두 힘의 성격이 서로 다르다. 수직 항력은 전자기력으로 중력과는 성격이 다르다. 따라서 이 둘은 작용-반작용 쌍이라 말할 수 없다.

2. 등속 원운동하는 물체에는 원심력과 구심력이 동시에 작용하고 있다. 그런데 이 두 힘은 크기가 같고 방향이 반대이므로 작용-반작용 쌍이다.

- 아니요. 원심력과 구심력은 작용-반작용 쌍이 아니다. 역시 두 가지로 그 이유를 설명할 수 있다. 우선, 첫 번째 이유는 앞선 질문의 답과 똑같다. 또 다른 이유는, 구심력은 힘이지만 원심력은 관찰자가 회전체와 같이 움직일 때만 나타나는, 바꾸어 말하면 비관성계에서만 관측되는 가짜 힘이다. 바로 이 원심력이 대표적인 가짜 힘이다. 따라서 이 둘은 작용-반작용 쌍이라 말할 수 없다.[6]

6 질문에 있는 '동시에'라는 문구는 사실 혼란을 일으키려 부러 넣은 것이다. 원운동의 중심에 대해 정지해 있거나 일정한 속도로 움직이는 사람에게는 원심력이 관찰되지 않는다.

3. 욕실에 있는 저울로 몸무게를 재면 실제로는 내 몸무게를 재는 것이 아니라 욕실 바닥이 저울의 바닥면을 미는 수직 항력을 재는 것이다.

- 예. 이 답을 이해하려면 다음의 경우들에 대해 생각해 보면 된다. 여러분도 여기에 든 예들 외에 어떤 것들이 있나 생각해 보는 것도 물리학을 재미있게 배우는 방법이다.
  a) 저울을 승강기에 싣고 올라서서 올라가는 버튼을 누르면 승강기가 출발하는데 이때 저울의 눈금을 읽는다. 눈금은 원래의 몸무게보다 더 큰 무게를 가리킬 것이다. 승강기 바닥이 저울을 밀어 올리는 수직 항력이 승강기의 가속으로 늘어났기 때문이다.
  b) 절대로 일어나서는 안 되는 상황이므로 머릿속으로만 한 번 상상해 보자. 위의 상황에서 승강기가 고장나 줄이 끊어져 바닥으로 승강기가 자유 낙하할 때 저울의 눈금을 읽는다. 이때 저울은 0을 가리킨다. 이렇게 겉보기 무게가 0이 되는 상황을 가리켜 '무중력 상태'라 하지만 엄밀하게는 중력의 작용이 사라진 것은 아니므로 무중력 상태가 아니라 겉보기 중력이 없는 상태이다. 우주 비행사들이 겪는 무중력 상태도 이와 똑같다.
  c) 두 대의 저울을 놓고 양쪽 발을 따로따로 두 저울에 올려놓고 각 저울의 눈금을 읽는다.

이 세 운동 법칙들을 따로따로 이해하려 하기보다는 전체를 아울러 한꺼번에 비교해 보면 그 뜻이 훨씬 명료해진다.

〈표 4.1〉 뉴턴의 운동 법칙

	전제 또는 가정	결과	비고
제1 운동 법칙	물체에 작용하는 힘이 없다면	정지해 있거나 등속 직선 운동한다.	힘이 없는 상태
제2 운동 법칙	물체에 알짜힘이 작용하면	가속도가 생긴다. 이 가속도의 크기는 알짜힘에 비례하고 질량에 반비례한다. 가속도의 방향은 알짜힘의 그것과 같다.	힘의 효과
제3 운동 법칙	두 물체가 서로작용하면	한 물체가 다른 물체에 힘을 주는데, 힘을 받은 물체는 다시 원래의 물체에 크기가 같고 방향이 반대인 힘을 준다.	힘의 근원

6. 원운동

자그마한 돌멩이를 줄에 매달아 돌려 보자. 이 돌멩이가 등속 원운동을 한다면 어떤 힘이 작용하고 있으며, 가속도는 무엇인가? 등속 원운동이란 속력은 일정한 원운동을 일컫는다. 비록 속력, 곧 속도의 크기는 일정하지만, 방향은 지속해서 바뀌므로 속도는 일정하지 않다. 이 원운동의 가속도를 구해 보자. 가속도를 구하려면 속도의 변화량을 알아야 한다. 원의 중심을 지나는 직선을 하나 그어 기준선으로 잡자. 돌멩이를 잡고 있는 줄이 이 기준선과 이루는 각도를 알고 있으면 돌멩이가 어디에 있는지 알 수 있고, 속도 역시 알 수 있다. 여기서 우리가 속도를 안다는 것은 이미 속력을 알고 있으므로 방향만 알면 속도를 안다는 것이다. 속도, 보다 구체적으로 말하면 속도의 방향은 줄과 늘 수직이다. 따라서 줄이 기준선과 이루는 각도가 어떤 시간 동안 변하였다면, 속도의 방향 변화 역시 이 각도 변화와 같다.

만일 이 각도 변화가 매우 작다면 속도 변화는 속도에 수직이다. 바꾸어 말하면 가속도는 원의 중심을 향한다. 이를 가리켜 '구심 가속도'라 한다. 구심 가속도가 있다는 말은 속도의 크기, 곧 속력은 변하지 않지만, 방향은 지속해서 바뀌고 있다는 뜻이다. 이 각도 변화가 일어나는 동안 속도 변화의 크기는 『속력×각도 변화』이다. 이 값을 각도 변화가 일어난 시간으로 나누어 주면 구심 가속도가 되는데 『각도 변화÷걸린 시간』은 나중에 다룰 각속도인데 『속력÷반지름』과 같다. 따라서 구심 가속도는 『속력의 제곱÷반지름』이다. 구심 가속도에 질량을 곱하면 원운동에 작용하는 구심력이다.

7. 마찰력

- **마찰(摩擦)**
  1. 두 물체가 서로 닿아 비벼짐. 또는 그렇게 함.
  2. 이해나 의견이 서로 다른 사람이나 집단이 충돌함.
  3. 『전기·전자』 접촉하고 있는 두 물체가 상대 운동을 하려고 하거나 또는 상대 운동을 하고 있을 때, 그 접촉면에서 운동을 방해하려고 하는 방향으로 힘이 작용하는 현상. 상대 속도의 유무에 따라 정지 마찰과 운동 마찰, 상대 운동의 종류에 따라 미끄럼마찰과 구름마찰이 있다.

- **friction**
  1. a) the rubbing of one body against another
     b) the force that resists relative motion between two bodies in contact
  2. the clashing between two persons or parties of opposed views : DISAGREEMENT
  3. sound produced by the movement of air through a narrow constriction in the mouth or glottis

표준국어대사전의 마찰에 대한 설명 항목 중 3번이 물리학에서 말하는 마찰과 매우 가깝다. 그러나 몇 가지 문제점을 지적하려 한다. 우선 분야가 『전기·전자』라 하였으나 『물리』가 더 적합하다. 그리고 마지막에 '상대 운동의 종류에 따라 미끄럼마찰과 구름마찰이 있다.'고 하였으나 물리학에서는 이러한 구분이 없다. 미끄럼마찰은 '운동 마찰'을 뜻하는 것 같다. 그리고 구름마찰은 바퀴 같은 것이 미끄러짐 없이 구르기만 할 경우를 말하는 것 같은데, 이것은 '정지 마찰'이다.

물리학에서 말하는 마찰력이란 두 물체가 접촉해 있을 때, 접촉 상태의 변화가 일어나려 하거나, 일어났을 때 그 변화에 저항하는 방향으로 작용하는 힘을 일컫는다. 두 물체가 고체-고체이면 마찰이라 하지만, 고체-액체일 경우는 점성, 고체-기체일 때는 저항이라 부른다. 여기서는 마찰에 대해서만 생각한다.

두 고체가 접촉하여 있는데 각각 평평한 면들을 가지고 있어 그 평평한 면들이 접촉해 있을 때를 상정해 보자. 우선 두 물체가 상대 운동을 하지 않는다면 이때 접촉 상태를 변화시키기 위해 어느 한 고체를 접촉면 방향으로 살짝 밀어 보자. 그러나 미는 힘이 충분히 크지 않으면 상대 운동을 일으키지 않는다. 이때 마찰력이 접촉면에서 일어나는데 이 마찰력이 외부에서 가한 힘과 크기가 같고 방향이 반대여서 두 힘이 상쇄되어 알짜힘을 만들지 못하여 정지 상태를 유지한다. 이 마찰력을 가리켜 정지 마찰력이라 한다. 이제 외부에서 주는 힘의 크기를 늘려 보자. 계속 늘리다 보면 어느 순간 두 물체 사이의 상대 운동이 일어난다. 바로 상대 운동이 일어나기 직전의 마찰력을 가리켜 최대 정지 마찰력이라 한다. 일단 상대 운동이 일어나도 여전히 마찰력이 작용하는데 이것을 운동 마찰력이라 한다. 운동 마찰력은 최대 정지 마찰력보다 조금 작다. 두 물체 사이의 상대 운동이 일어나더라도 그 상대 운동 상태를 유지하기 위해서는 운동 마찰력과 크기는 같고 방향이 반대인 외부 힘이 작용하고 있어야 등속의 상대 운동이 계속된다.

마찰력에 대해 주의해야 할 점이 두 가지 있다. 우선 마찰력은 두 물체 사이의 서로작용으로 생기는 것이니 제3 운동 법칙을 적용해야 한다. 그러나 외부에서 주는 힘은 한 물체에만 주는 경우가 많으므로 한 물체만 관심을 가지게 된다. 예를 들어 교실이 있는 교탁을 미는 상황을 생각해 보자. 우리가 교탁을 살짝 밀면 교탁과 교실 바닥의 접촉 상태가 변화하므로 두 물체 사이에 접촉 상태의 변화에 저항하는 마찰력이 생긴다. 그러나 우리는 교탁의 움직임에만 관심이 있으므로 교탁에 작용하는 힘들은 외부에서 미는 힘과 마찰력이다. 이때 마찰력은 교실 바닥이 교탁에 작용하는 것이다. 이 마찰력의 반작용은 교탁이 교실 바닥을 미는 힘이다. 이것 역시 마찰력인데, 교탁의 운동에는 영향을 끼치지 못하므로 신경쓸 필요는 없다.

두 번째로, 정지 마찰력은 일정한 힘이 아니다. 앞의 탁자의 예를 다시 들여다보자. 내가 정지 마찰력을 강의할 때는, 밀어도 교탁이 움직이지 않게 살짝 힘을 주면서

"내가 힘을 주고 있음에도 이 교탁은 왜 움직이지 않습니까?"

라고 물으면,

"선생님께서 준 힘이 정지 마찰력보다 작아서 그렇습니다."

라고 학생들이 답하는 경우가 있다. 그러면 나는 다시

"내가 준 힘이 정지 마찰력보다 작다면 알짜힘이 있다는 말인가요?"

라고 되묻는다. 그러면 학생들은 약간 어리둥절해 하면서도 앞에서 답한 '정지 마찰력이 외부 힘보다 크다'고 했으므로 알짜힘이 있다고 대답할 수밖에 없다. 만일 알짜힘이 있다면 '정지 마찰력이 외부 힘보다 크므로' 외부

힘과 방향이 반대일 수밖에 없다. 그렇다면 힘을 주는 방향과 반대 방향으로 가속도가 생겨야 한다. 곧, 내가 미는 방향과 반대 방향으로 가속도가 생긴다는 말이니 모순이다. 따라서 정지 마찰력이 외부 힘보다 클 수 없고 같아야 정지 상태를 유지한다. 따라서 최대 정지 마찰력에 도달하기 전에는 정지 마찰력은 외부 힘과 크기가 같다.

8. 무게

- **무게**
  1. 물건의 무거운 정도. ≒중량.
  2. 사물이 지닌 가치나 중요성의 정도.
  3. 사람 됨됨이의 침착하고 의젓한 정도.
  4. 마음으로 느끼는 기쁨이나 책임감 따위의 정도.

- **weight**
  1. a) the amount that a thing weighs
     b) i. the standard or established amount that a thing should weigh
        ii. one of the classes into which contestants in a sports event are divided according to body weight
        iii. poundage required to be carried by a horse in a handicap race
  2. a) a quantity or thing weighing a fixed and usually specified amount
     b) a heavy object (such as a metal ball) thrown, put, or lifted as an athletic exercise or contest
  3. a) a unit of weight or mass
     b) a piece of material (such as metal) of known specified weight for use in weighing articles
     c) a system of related units of weight

4. a) something heavy : LOAD
   b) a heavy object to hold or press something down or to counterbalance
5. a) BURDEN, PRESSURE
   b) the quality or state of being ponderous
   c) CORPULENCE
6. a) relative heaviness : MASS
   b) the force with which a body is attracted toward the earth or a celestial body by gravitation and which is equal to the product of the mass and the local gravita- tional acceleration
7. a) the relative importance or authority accorded something
   b) measurable influence especially on others
8. overpowering force
9. the quality (such as lightness) that makes a fabric or garment suitable for a particular use or season — often used in combination
10. a numerical coefficient assigned to an item to express its relative importance in a fre- quency distribution
11. the degree of thickness of the strokes of a type character

여러분은 "몸무게가 얼마냐?"는 물음을 받으면 "밝히고 싶지 않습니다."라고 답하는 사람도 있지만 솔직하게 "78킬로그램입니다."라고 답하는 사람도 있다. 그런데 킬로그램은 질량의 단위인데 왜 몸무게의 단위로 쓰였을까? 일상생활에서는 무게와 질량이 거의 구분 없이 쓰이기 때문이다. 그러나 물리학에서 질량과 무게는 엄연히 다른 물리량들이다. 물리학에서 쓰는 무게는 메리엄-웹스터 사전의 설명 항목 중 6.-b)에 정확하게 나타나 있다. 곧, 무게는 중력을 가리킨다. 지구 표면에서 말하면 질량에 중력 가속도를 곱한 값이 무게의 크기이다.

한편 무게는 위치에 따라 달라질 수 있다. 왜냐하면 지구 표면이라도 지역에 따라 미세하지만 달라질 수 있다. 예를 들어 지표 아래에 석유를 채굴하고 난 빈 곳이 있다면, 철광석이 매장된 지표면보다 중력 가속도 값이 작다. 그리고 달 표면에서 무게를 재면 지구에서 잰 값의 약 1/6 정도이다. 더욱 중요한 것은 무게가 힘이므로 벡터양이라는 것이다. 그러나 질량은 지구 표면에서나 달 표면에서나 같은 값이며 스칼라양이다.

9. 압력

- **압력(壓力)**

  1. 『전기·전자』 두 물체가 접촉면을 경계로 하여 서로 그 면에 수직으로 누르는 단위 면적에서의 힘의 단위. 그 크기의 단위로는 dyn/cm^2 외에 공학에서는 kgW/cm^2를 사용하고, 기상학에서는 밀리바, 헥토파스칼 따위를 사용한다.
  2. 권력이나 세력에 의하여 타인을 자기 의지에 따르게 하는 힘.

- **pressure**

  1. a) the burden of physical or mental distress
     b) the constraint of circumstance : the weight of social or economic imposition
  2. the application of force to something by something else in direct contact with it : COM- PRESSION
  3. archaic : IMPRESSION, STAMP
  4. a) the action of a force against an opposing force
     b) the force or thrust exerted over a surface divided by its area
     c) ELECTROMOTIVE FORCE
  5. the stress or urgency of matters demanding attention : EXIGENCY
  6. the force of selection that results from one or more agents and tends to reduce a pop- ulation of organisms

7. the pressure exerted in every direction by the weight of the atmosphere
8. a sensation aroused by moderate compression of a body part or surface

메리엄-웹스터 사전의 압력에 대한 설명 항목은 꽤 많은데, 표준국어대사전은 두 개의 항목밖에 없다. 우리말로 압력은 쓰임새가 그리 다양하지 않은데, 영어로 'pressure'는 그 쓰임새가 매우 다양하기 때문이다. 물리학에서 쓰는 압력에 대한 설명이 1번에 나오는데, 읽어 보면 전문가인 나도 잘 이해가 되지 않는다. 분야 역시 『전기·전자』에서 『물리』로 바뀌어야 한다. 압력의 단위로 dyn/cm^{2}를 사용한다고 하였는데 국제단위계에서 쓰는 압력의 단위는 파스칼이라 하는데, Pa로 표기한다. 압력에 관한 중요한 법칙을 발견한 철학자이자 물리학자인 파스칼(B. Pascal)의 이름을 따서 만든 것이다. 1파스칼은 제곱미터당 1뉴턴에 해당하는 압력이다(1 Pa은 1N/m^{2}이다.). 그리고 공학에서는 kgW/cm^{2}를 사용한다고 하였는데 나는 이런 단위를 처음 보았다. 아마도 1kg의 질량이 받는 무게를 1cm^{2}의 넓이를 갖는 면에 작용할 때의 압력을 일컫는 것 같은데, 이는 1 at라 하는데 물리학에서는 거의 쓰지 않는다. 공학에서도 Pa를 쓴다. 다만 미국의 경우는 psi를 쓰는데 'pounds per square inch'의 머리글자를 따서 만든 것이다. 또한 Torr라는 단위를 쓰기도 하는데 mmHg와 같은 단위이다. 또한 기체의 경우 '기압'이라는 단위를 쓰기도 하는데 101,325 Pa 또는 1.01325 bar이다.

어떤 물체가 힘을 받고 있는데 그 힘이 한 점에만 작용하는 것이 아니라, 많은 경우 넓이를 가지고 고르게 작용할 수도 있다. 예를 들어 책상 위에 놓인 책을 생각해 보자. 책에는 지구가 끌어당기는 중력, 곧 무게가 작용하고 있다. 그런데 이 무게는 책의 한 점에만 작용하는 것이 아니라 책상과 접촉한 면 전체에 고르게 작용하고 있다. 이 책의 무게를 접촉하는 넓이로 나누어 주면 그것이 압력이다. 곧, 물체에 작용하는 힘이 접촉면에 고르게 작용하면, 그 힘의 면에 수직인 성분을 접촉면의 넓이로 나누어 주면 압력이 된다.

두 가지 주의할 점이 있다. 우선, 면에 작용하는 힘 전체가 아니라 그 힘 중에서 접촉면에 수직인 성분만 고려한다. 접촉면과 평행한 성분은 접촉면에서 발생하는 마찰력에 의해 상쇄된다. 다음으로는 비록 압력이 힘처럼 보이지만 언제나 접촉면에 수직인 성분만 다루므로 굳이 방향에 대해 따로 언급할 필요가 없다. 따라서 압력은 벡터양이 아니라 스칼라양이다.

이미 힘이 있는데 굳이 압력이라는 새로워 보이지도 않는 물리량을 왜 또 만들었을까? 킬 힐을 신은 채 모래사장을 달려 보자. 운동화를 신고 달릴 때보다 훨씬 어렵다는 것을 알 수 있다. 어차피 같은 사람이라면 몸무게가 같으니 작용하는 힘이 똑같은데 왜 킬 힐을 신고 모래사장을 달리는 것이 더 힘들까? 킬 힐을 신은 채 모래사장을 달리는 것이 힘든 이유는 킬 힐의 경우 바닥과의 접촉 넓이가 운동화에 비해 매우 작기 때문에 압력이 높아서 모래사장을 더 뚫고 들어가기 때문이다. 바로 모래사장을 뚫고 들어가는 깊이는 작용한 전체 힘이 아니라 단위 넓이에 작용하는 힘의 수직성분, 곧 압력에 의해 결정된다. 칼이 잘 들지 않으면 숫돌에 갈아 칼날을 날카롭게 만들면 잘 들게 된다. 칼날을 날카롭게 만들면 접촉 넓이가 작아져 같은 힘을 주어도 압력이 커져서 더 잘 들게 된다.

4장

운동량

• **운동량(運動量)**

1. 운동하는 데 드는 힘의 양.
2. 『물리』 물체의 질량과 속도의 곱으로 나타내는 물리량의 하나. 밖에서 힘이 작용되지 않는 한, 물체 또는 물체가 몇 개 모여서 된, 하나의 물체계(物體系)가 가지는 운동량의 합은 일정불변하다.

• **momentum**

1. a property of a moving body that the body has by virtue of its mass and motion and that is equal to the product of the body's mass and velocity

   broadly: a property of a moving body that determines the length of time required to bring it to rest when under the action of a constant force or moment
2. strength or force gained by motion or by a series of events

운동량의 설명 항목 중 물리학과 관련된 항목은 물리학에서 말하는 운동량을 비교적 정확하게 나타내고 있다. 다만, 표준국어대사전의 경우 '밖에서…'로 시작하는 문장에서 '물체 또는 물체가 몇 개…'는 '물체가 몇 개…'로 바꾸어야 한다. 이 문장은 뒤에 설명할 운동량 보존 법칙을 설명한 것인데, 운동량 보존 법칙을 하나의 물체에 적용하지는 않는다. 왜냐하면 한 물체의 운동량은 그 물체의 질량에 속도를 곱한 값인데, 외부 힘이 없다면 등속 직선 운동을 할 것이고, 속도가 변하지 않으면, 질량이 변하지 않는

한, 운동량이 일정하므로 이것을 법칙이라 할 수는 없다.

여기서 메리엄-웹스터 사전의 설명 항목 중 1번의 두 번째 설명에 주의를 기울일 필요가 있다. 내가 운동량에 대해 강의를 해 보면 대체로 학생들은 운동량의 정의를 (질량×속도)라는 공식으로 단순 암기하려 할 때가 많아서 답답한 적이 많았다. 물론 정의는 단순 암기가 필요한 것은 맞지만, 그것이 갖는 물리적 의미를 깨달으면 이를 이용하여 실제 문제를 풀 때나 다른 상황에 적용하려 할 때 보다 수월하게 쓸 수 있다. 물리학자들은 이렇게 수식으로 표현된 물리량 또는 법칙들에 대해 이해하려 할 때 물리적 의미(physical meaning)를 정확히 깨달아야 한다는 것을 잘 알고 있다.

그런데 많은 학생들이 바로 이 운동량의 물리적 의미를 깨닫는 데 어려움을 겪고 있다. 그래서 나는 운동량이 갖는 물리적 의미가 무엇인가 곰곰이 생각하다 바로 운동량의 물리적 의미는 움직이는 물체를 정지시키기 어려운 정도라는 데 착안하였다. 메리엄-웹스터 사전의 설명 항목 중 1번, 두 번째 설명에서 말하는 '움직이는 물체에 일정한 힘을 주어 물체를 정지시키는 데 드는 시간을 결정해 주는 양'[1]이 보다 정확한 표현이다. 이 설명은 매우 정확하지만 일반인에게는 그리 쉽게 느껴지는 깨달음은 아니다. 여러분은 그냥 '움직이는 물체를 정지시키기 어려운 정도'라고만 알아도 충분하다.

그렇다면 움직이는 물체를 정지시키기 어려운 정도가 질량과 속도에 의해 결정될까? 우선 직관적으로 보아 움직이던 물체가 정지한다면 속도 변화가 있다는 것인데, 가속도는 질량과 반비례 관계에 있으므로 질량이 정지시키기 어려운 정도에 관여한다는 것을 직관적으로 알 수 있다. 그리고 큰 속력을 가진 물체를 정지시키려면 그만큼 큰 가속도가 필요할 테니 속

1 메리엄-웹스터 사전의 이 설명 항목에 'broadly'라는 단서를 달았는데 이는 필요없는 단서이다.

도가 정지시키기 어려운 정도에 관여한다는 것도 당연히 알 수 있다.

이제 구체적인 상황을 생각해 보며 운동량의 물리적 의미를 알아보자. 일어나서는 안 될 일이지만, 경사가 느린 비탈길에 주차된 소형차가 제동장치가 풀려 느리지만 굴러 내려오고 있다고 생각해 보자. 이때 어른 두세 명이 이 차를 정지시키기 위해 구르는 자동차를 반대 방향으로 밀어서 정지시킬 수 있다. 아주 힘이 좋은 어른이면 혼자서도 가능할 것이다.[2] 그러나 똑같은 상황이 대형 트럭에 벌어지면 아무도 나서서 막으려 하지 않을 것이다. 날아오는 탁구공은 어렵지 않게 맨손으로 받을 수 있다. 그러나 날아오는 야구공을 맨손으로 받으면 사람들은 상당히 놀랄 것이다. 이러한 예들이 바로 질량이 정지시키기 어려운 정도에 관여한다는 것을 보여준다. 그러나 총알의 질량은 매우 작은 편이지만, 날아오는 총알을 맨손으로 잡으려 하는 사람은 없다. 야구 선수들은 장갑을 끼고 운동을 한다. 그만큼 날아오는 야구공을 맨손으로 잡기 어려워서이다. 같은 야구 선수의 장갑이라도 포수의 장갑은 다른 선수들의 그것에 비해 두툼하다. 투수가 빠르게 던진 공을 잡으려면 이렇게 두툼한 장갑이 필요하다. 이러한 예들은 속도가 정지시키기 어려운 정도에 관여한다는 것을 보여준다. 이러한 이유로 질량은 물체의 운동과 상관없이 관성의 크기를 나타내는 물리량이지만, 운동량은 속도와 질량에 연관되어 있으므로, 운동 관성(motional inertia)이라고도 부른다.

물론 운동하는 물체를 정지시키기 어려운 정도를 가늠해 볼 수 있는 물리량이 운동량만은 아니다. 질량과 속도가 관여하고 있다면 모두 정지시키기 어려운 정도를 나타낼 수 있다. 예를 들면 나중에 알아볼 운동 에너지가 그러하다. 운동 에너지는 질량에 속력의 제곱을 곱해 반으로 나누어야

2 여러분은 혹시라도 이런 일이 일어나면 절대로 자동차를 혼자 막으려 하지 말고 주변에 도움을 청해야 한다.

하므로 역시 정지시키기 어려운 정도를 나타내는 물리량으로 적합하다. 그렇다면 굳이 왜 운동량만을 운동하는 물체를 정지시키기 어려운 정도를 나타내는 물리량으로 선택하였을까? 그것은 정지시키기 어려운 정도를 어떻게 수량화하느냐의 문제와 관련이 있다. 정지시키기 어려운 정도를 수량화하기 위해 메리엄-웹스터 사전의 설명 항목 중 1번의 두 번째 설명처럼 일정한 힘을 주어 운동하는 물체를 정지시키는 데 걸리는 시간이라고 하면 이 정의에 맞는 물리량은 운동량이다.

고속 도로의 자동차 사고 현장을 보면, 사고가 난 주변에 스키드 마크라 불리는 타이어가 구르지 않고 미끄러진 자국이 있다. 이 자국의 길이는 사고 직전 자동차의 속도를 가늠하게 해준다. 이 길이가 길면 그만큼 자동차를 정지시키기 어려웠다는 증거이다. 만일 정지시키기 어려운 정도를 이 자국의 길이로 정의하면 운동 에너지가 움직이는 물체를 정지시키기 어려운 정도를 나타내는 물리량으로 적합할 것이다. 그러나 다른 물체에 이런 상황을 만들어 적용하기는 어려우므로 우리는 이 자국의 길이로 정지시키기 어려운 정도를 수량화하는 물리량으로 삼지 않는다.

1. 운동량 보존 법칙

운동량 보존 법칙을 서술하면 다음과 같다.

> 어떤 입자계에 작용하는 외부 힘이 없다면, 그 계의 총 운동량은 보존된다.

다른 법칙들과 마찬가지로 운동량 보존 법칙 역시 적용 조건이 있다. '어떤 입자계에 작용하는 외부 힘이 없다면'이라는 조건을 조금 더 자세히 들여다보자. 우선, 입자계란 무엇인가? 하나의 입자가 아니라 여러 개의 입자가 모여서 이루어진 계를 입자계라 한다. 따라서, 그냥 '입자'라 하지 않고 '입자계'라 하였으니, 앞서 말했듯이 이 법칙은 하나의 입자가 아니라 입자계에 적용하는 법칙이라는 것이다. 그리고 외부 힘이 없다는 것은 이 계의 입자들이 외부와 서로작용하지 않는다는 것인데, 이러한 계를 고립된(isolated) 또는 닫힌(closed) 계라 한다. 이러한 고립된 계에만 운동량 보존 법칙을 적용할 수 있다. 외부와 서로작용하지 않는다고 하여 계 안에 있는 입자들끼리의 서로작용이 없다는 것은 아니다. 서로작용에 의한 힘들이 개개 입자들의 운동, 특히 가속도를 결정한다. 따라서 개개 입자들의 운동량은 수시로 변할 수 있다. 그러나 이 힘들은 뉴턴의 제3 운동 법칙에 의해 항상 작용-반작용 쌍으로 존재하고, 계의 총 운동량을 구할 때는 모두 상쇄되어, 영향을 끼치지 않는다. 따라서 운동량 보존 법칙은 뉴턴의 제3 운동 법칙의 다른 표현이다.

여기에서 운동량 보존 법칙이 드러내지 않고 가정하는 것이 있다. 곧, 계를 구성하는 입자 또는 물체들의 회전은 고려하지 않는다. 뒤에서 자세히 다루겠지만 운동량 보존 법칙을 적용하기 위해서는 계의 모든 구성 입자들의 부피는 무시하고 점으로 취급한다. 만일 부피를 무시할 수 없다면 입자들의 회전 역시 무시할 수 없고, 보다 정교한 보존 법칙이 필요하다.

운동량 보존 법칙이 적용되는 상황을 알아보자. 당구를 치는 분들은 잘 알겠지만, 정지해 있는 당구공을 다른 당구공으로 정면충돌시키면, 움직이던 공은 충돌 후 정지하지만, 정지해 있던 공은 움직이던 공의 속도를 그대로 이어받아 앞으로 나아간다. 여기서 충돌 전의 운동량을 보면, 정지해 있는 공은 운동량을 가지지 못하므로, 움직이던 공이 가지고 있던 운동량이 총 운동량이다. 그러나 충돌 후에는 서로 운동량을 주고받게 되어 충돌 전에는 정지해 있던 공이 움직이던 공의 운동량을 고스란히 받아 움직이므로 충돌 전과 후의 운동량이 변하지 않는다. 이 책을 읽는 여러분이 만일 방에 앉아 있다면 여러분이 있는 방의 모든 공기 분자들로 이루어진 입자계를 생각해 보자. 이 입자계를 이루는 공기 분자들은 모두 제멋대로 움직이는데 어느 순간 모든 공기 분자들의 운동량을 모두 더해 주면 0이다. 그런데 이 방의 공기 분자들이 외부와 서로작용하지 않는다면[3] 이 계의 총 운동량은 0으로 일정하게 유지된다.

2. 충돌

- **충돌(衝突)**
  1. 서로 맞부딪치거나 맞섬. ≒당돌.
  2. 『전기·전자』 움직이는 두 물체가 접촉하여 짧은 시간 내에 서로 힘을 미침. 또는 그런 현상.

- **collision**
  1. an act or instance of colliding : CLASH
  2. an encounter between particles (such as atoms or molecules) resulting in exchange or transformation of energy

3 엄밀한 의미에서 외부와의 서로작용이 없도록 만드는 것은 불가능하다. 방을 둘러싼 벽을 통해 외부와 서로작용을 하고 있지만 벽이 공기 분자들에 비해 매우 질량이 크므로, 벽이 계의 입자들과 외부와의 서로작용을 차단한다고 가정한다.

운동량 보존 법칙과 매우 관련이 높은 현상이 바로 충돌이다. 충돌이 물리학에서 쓰이는 뜻을 표준국어대사전이나 메리엄-웹스터 사전 모두 비교적 잘 서술하고 있다. 다만, 표준국어대사전의 설명 항목 2의 분야는 『전기·전자』에서 『물리』로 바꾸어야 한다.

우리는 일상생활에서 사회·심리적인 충돌 외에도 많은 물리적인 충돌을 경험한다. 자동차끼리의 충돌 사고를 분석하는 것은 물리학적 충돌에 대한 이해 없이는 불가능하다. 물리학에서 말하는 충돌이란 다음을 가리킨다.

> 입자들이 매우 짧은 거리에서 매우 짧은 시간 동안 매우 큰 힘으로 서로작용하는 현상.

'매우'라는 말이 세 번 나오는데, 사실 이 낱말은 굳이 들어가지 않아도 된다. 이 책의 수준에서 다루는 충돌의 경우에는 필요한 낱말이지만, 엄밀하게 충돌을 정의하는 데는 없어도 되는 낱말이다. 만일 우리의 관심이 충돌 전과 후의 상황을 비교하는 것이라면, 충돌 전과 후에 충돌하는 물체들의 서로작용이 무시할 수 있을 만큼 멀리 떨어져 있다면 세 번의 '매우'라는 낱말은 없어도 된다. 예를 들어 원자의 구조를 밝혀내는 데 중요한 공헌을 한 러더퍼드의 산란[4] 실험에 사용한 알파 입자들은 헬륨 원자에서 전자가 모두 떨어져 나가고 양성자 두 개와 중성자 두 개로 이루어졌다. 다시 말하면 헬륨 원자핵이 알파 입자이다. 이 알파 입자들을 금으로 된 매우 얇은 막에 충돌시켜 튀어나오는 알파 입자들의 산란각[5]을 측정하였다. 이때 알파 입

4 영어로는 'scattering'이다. 한국물리학회의 쓰임말에는 '흩뜨림'이 있으나 여기서는 혼란을 피하려고 그냥 산란이라는 쓰임말을 그대로 썼다.

5 들어오는 입자들의 방향과 충돌 후 바뀐 방향과의 사잇각을 산란각이라 한다.

자와 금의 원자핵 사이에는 가까이 있을 때 매우 강한 전기적인 밀힘이 작용하는데, 사실은 거리가 조금 떨어져도 이 전기적인 밀힘은 계속 작용하고 있으며[6], 심지어 이 두 입자는 충돌 과정에서 실제로 접촉하지도 않는다. 그러나 이것은 미시적인 관점에서 그러한 것이고, 실제 실험은 거시적인 실험실에서 수행한 것이므로, 충돌 전과 후에 두 입자 사이의 서로작용은 무시해도 된다. 이러한 상황에서는 '매우'라는 낱말에 알맞은 상황은 아니지만, 충돌의 개념을 이용하여 이 실험 결과를 분석할 수 있다.

여기서 우리는 한 가지 물음이 생긴다. 러더퍼드의 산란 실험의 분석에 충돌 개념을 사용하였는데 왜 '러더퍼드의 충돌 실험'이 아니라 '러더퍼드의 산란 실험'이라고 부를까? 여기에서 산란이란 낱말을 쓰는 이유는 실제 실험실에서 이 실험을 할 때 사용하는 알파 입자도 하나, 금 원자도 하나가 아니기 때문이다. 입사하는 알파 입자들은 매우 많은 개수의 알파 입자들이 함께 다발을 이루어 입사하고, 얇은 막에는 역시 매우 많은 개수의 금 원자들이 들어 있다. 따라서 알파 입자 검출기에는 많은 수의 알파 입자들이 도달하게 되므로, 하나의 알파 입자가 하나의 금 원자핵과 충돌을 일으켜 벌어지는 일로 보이지는 않고, 많은 입자가 들어와 여러 방향으로 튀어 나가는 산란 현상으로 보인다. 그러나 실험 데이터를 분석하려면 두 입자, 곧 알파 입자와 금 원자핵 사이의 충돌로 이해해야만 실험 데이터를 제대로 분석할 수 있다. 따라서 겉보기에는 산란으로 보이지만 실제 데이터 분석에는 충돌 개념이 사용된다. 이와 같이 물리학에는 '△□ 산란 실험'이라는 명칭이 많은데 실제 데이터는 충돌 개념을 이용하여 분석해야 한다.

충돌 과정에서 작용하는 서로작용은 두 물체 사이의 작용과 반작용이

6 엄밀하게 말하면 거리가 무한히 멀리 떨어져 있지 않으면 여전히 밀힘이 작용한다.

므로 두 물체의 운동량의 합, 곧 총 운동량에는 영향을 끼치지 못한다. 따라서 운동량 보존 법칙이 충돌 과정에 벌어지는 현상을 이해하는 데 요긴하게 쓰인다. 여기에서 중요한 점은 이 서로작용들이 두 물체 개개의 운동량을 바꾸기도 하고 두 물체가 가지고 있는 에너지들의 변환과 에너지의 주고받음에 관여하지만, 총 운동량을 변화시키지는 못한다는 점이다. 이러한 에너지 변환, 또는 에너지 주고받음이 충돌 과정에서 일어나는데, 이 과정에서 벌어지는 일을 기준으로 충돌을 탄성 충돌과 비탄성 충돌로 나눈다.

3. 탄성 충돌과 비탄성 충돌

충돌 과정에서 충돌 전과 후의 총 운동 에너지의 변화 여부로 충돌을 분류한다. 충돌 전과 후의 총 운동 에너지가 변화하지 않으면 '탄성 충돌'이라 하고, 변화하면 '비탄성 충돌'이라 한다. 흔히 '완전 탄성 충돌'이라는 말이 쓰이는데 이는 물리학적인 쓰임말이 아니다. 탄성 충돌에 완전이라는 낱말을 덧붙이는 것은 '역전앞'이나 '외갓집'처럼 동어 반복이다. 이러한 혼동은 완전 비탄성 충돌이라는 물리학 쓰임말 때문에 생긴 것이다.

　완전 비탄성 충돌이란 충돌 전의 입자 개수와 충돌 후의 입자 개수가 다른 충돌을 일컫는다. 예를 들어 두 대의 자동차가 교차로에서 충돌한 후 한 덩어리가 되어 멈췄다면, 이 충돌은 완전 비탄성 충돌이다. 수류탄을 적진에 던졌는데, 이 수류탄이 땅에 떨어져 정지한 상태에서 폭발하였다면 수없이 많은 파편이 주변으로 튀었을 것이다. 이 경우도 충돌 개념을 이용하여 파편들이 어떻게 튀었는지 분석할 수 있는데, 역시 완전 비탄성 충돌 개념을 써야 한다.

비탄성 충돌이 일어나는 이유는 충돌할 때 발생하는 소리나 물체의 변형 등에 의해 충돌 과정에서 각 입자들이 가지고 있던 운동 에너지 일부가 그 물체들의 내부 에너지로 전환되기 때문에 운동 에너지가 줄어드는 경우가 대부분이다. 따라서 엄밀하게 말하면 거시적 충돌 상황에서는 탄성 충돌이 일어날 수 없다. 그러나 미시 세계에서는 충돌 과정을 통해 운동 에너지의 손실이 일어날 수 없다. 왜냐하면, 소리나 내부 에너지 등에 의한 에너지 변환은 입자가 매우 많이 모여서 이루어진 입자계에나 적용할 수 있다. 그러나, 양성자-양성자 충돌 등과 같이 두 개의 입자들 사이의 충돌에서는 소리에 의한 운동 에너지 손실이나 내부 에너지로의 전환 등은 적용이 되지 않는다. 따라서 미시 세계에서 벌어지는 입자들 사이의 충돌은 모두 탄성 충돌이라 해도 지나치지 않다. 다만, 미시적 입자들의 충돌에서도 완전 비탄성 충돌은 가능하다. 중성자가 방사성 우라늄 원자와 충돌하면 핵분열이 일어나는데 이때 여러 개의 다른 원자들이 만들어지고 많은 에너지를 빛의 형태로 방출한다. 따라서 충돌 후의 총 운동 에너지는 충돌 전의 총 운동 에너지보다 늘어난다.

비탄성 충돌의 경우 주의해야 할 점은 충돌 후의 총 운동 에너지가 반드시 충돌 전의 총 운동 에너지에 비해 줄어드는 것만은 아니라는 것이다. 대표적인 예가 앞에 예를 든 수류탄의 경우이다. 충돌이 일어나기 전, 곧 폭발하기 전에는 운동 에너지가 0이었지만 폭발 후 파편들이 갖는 운동 에너지는 0이 아니다. 따라서 충돌 후의 총 운동 에너지가 충돌 전의 총 운동 에너지보다 크다.

왜 굳이 충돌 전의 입자들 개수와 충돌 후의 입자들 개수가 다른 충돌을 일컬어 **완전** 비탄성 충돌이라 하였는지 알아보자. 그 이유를 알려면 먼저 반발 계수[7]라는 물리량을 알아야 한다. 반발 계수란 두 물체가 충돌할 때, 충돌 후의 상대 속력[8]을 충돌 전의 그것으로 나누어 준 값이다. 탄성 충돌의 경우는 이 값이 1이다. 바꾸어 말하면 이 값이 1이 아니면 비탄성 충돌이다. 이 값이 1보다 작으면 충돌 후의 운동 에너지가 줄어드는 것이고, 1보다 크면 늘어나는 것을 뜻한다. 여기서 두 개의 극단적인 상황을 생각해 보자. 우선 이 반발 계수가 0이 될 수 있나? 그렇다. 반발 계수가 0이라는 것은 충돌 전에는 상대 속력이 0이 아니었으나 충돌 후의 상대 속력이 0이 되었다는 것이니, 충돌 후 두 물체가 하나의 물체로 합쳐졌다는 것을 뜻한다. 또 다른 극단은 이 값이 무한대가 되는 것이다. 이 값이 무한대가 되려면 충돌 전의 상대 속력이 0이었으나 충돌 후 상대 속력이 생겨야 한다. 바꾸어 말하면, 충돌 전에는 하나의 물체였던 것이 충돌 후에 두 개의 물체로 나뉘어졌다는 것이다. 이 양극단을 일반적인 비탄성 충돌과 구분해서 따로 부르기 위해 '완전 비탄성 충돌'이라는 쓰임말이 도입되었다. 완전 비탄성 충돌에 대해 주의해야 할 점은 흔히 가지고 있는 오개념처럼 충돌 후의 총 운동 에너지가 0이 되는 것을 뜻하지는 않는다는 것이다.

4. 충격량

충돌을 정확히 이해하려면 충돌 과정에서 벌어지는 개개 입자들의 운동량 변화에 주의를 기울여야 하는데, 이 운동량의 변화에 해당하는 물리량이 충

7 반발 계수는 사실 물리학에서 그리 중요한 물리량은 아니다. 여기서는 완전 비탄성 충돌을 설명하기 위해 설명하였을 뿐이다. 더욱이 반발 계수는 두 물체 사이에서만 적용해야 하므로 세 물체 이상이 충돌에 관여하면 쓸 수 없다.

8 상대 속력이란 한 물체에 대해 정지한 기준틀에서 보았을 때 다른 물체의 속력을 일컫는다.

격량(impulse)이다. 충격량은 어떤 물체가 충돌 후에 갖는 운동량에서 충돌 전에 가지고 있던 운동량을 빼 준 값이다. 충돌 과정에서 짧은 시간에 작용하는 매우 강한 힘이 가속도를 주므로, 운동량의 변화가 일어날 수밖에 없다. 운동량의 차이이니 충격량은 당연히 크기와 방향을 함께 고려해야 하는 벡터양이다. 그런데 충돌 전과 후의 효과를 고려하려면 충격량의 크기도 문제이지만 그 충격량, 곧 운동량의 변화가 얼마나 짧은 시간에 일어났는지도 알아야 한다. 그 이유를 알기 위해 다음의 몇 가지 예를 생각해 보자.

유리잔을 바닥에 떨어뜨렸다. 그런데 다행히도 바닥에 푹신한 카펫이 깔려 있어 깨지지는 않았다. "바닥에 카펫을 깔기를 잘했어. 만일 카펫이 없었더라면 유리잔이 박살났을 거야."라고 생각한다. 왜 바닥에 카펫이 깔려 있으면 유리잔이 떨어져도 깨지지 않을까?

유리잔이 깨지는 것은 충돌 과정에서 유리잔에 작용하는 힘의 크기가 유리잔이 깨지지 않고 견딜 수 있는 범위를 넘어서기 때문이다. 비록 짧은 시간이라도 충돌 과정에서 작용하는 힘, 곧 충격력(impulsive force)은 시간에 따라 0부터 시작하여 최댓값을 가진 후 다시 0으로 작아진다. 물론 충돌 과정에서 물체가 깨지는 것을 결정해 주는 힘은 바로 이 최댓값이다. 그러나 우리는 이 최댓값을 정확하게 알 수 없지만 적어도 충격량과 그 충격량이 작용하는 시간은 알 수 있으므로, 충격량을 작용 시간으로 나누어 준 평균힘으로 대체하여 사용한다. 이 평균힘은 같은 충격량이라면 당연히 작용 시간이 짧아지면 커진다. 바닥에 카펫이 깔려 있으면 맨바닥일 때보다 유리잔에 힘이 작용하는 시간이 길어진다. 같은 높이에서 떨어져 결국 정지했다면 맨바닥에 떨어지나 카펫 위에 떨어지나 충격량은 같다. 그런데 카펫이 깔려 있으면 힘의 작용 시간이 길어져서 평균힘이 작아지므로, 유리컵을 깨뜨릴 정도로 큰 힘이 작용하지 않는다. 이와 같이 힘의 작용 시간을 늘려서 평균힘을 줄여 주는 과정을 가리켜 '충격을 흡수했다'라고 말하는데, 물리학적 관점에서는 올바른 표현이 아니다.

우리 일상생활에서 이처럼 힘의 작용 시간을 늘려서 충격을 덜 느끼도록 해주는 행동과 상황 또는 장치를 꼽아 보자.

1. 제법 높은 곳에서 뛰어내릴 때, 바닥에 발이 닿기 전에는 다리를 곧게 뻗었다가 바닥에 닿는 순간부터 무릎을 구부려, 정지하는 데 오랜 시간이 걸리도록 해 준다.
2. 날아오는 야구공을 잡을 때 공이 장갑에 닿은 직후, 공이 날아오는 방향으로 손을 움직여 충격을 완화한다.
3. 완충기: 대표적인 것으로 자동차의 차축과 본체를 연결하는 속된 말로 '쇼바'라고 부르는 것이 있다. 정확하게는 쇼크 업소버(shock absorber)인데 글자 그대로 번역하면 '충격 흡수기' 정도 된다.
4. 대부분의 자동차나 운반 기계의 바퀴는 고무 타이어를 사용한다.

5장

일과 에너지

가뜩이나 물리학이 재미없고 어렵다고들 하는데, 이미 뉴턴의 운동 법칙들에 의해 고전 역학[1]이 완성되었다고 하면서, 다시 에너지라는 개념을 도입하여 우리의 골치를 썩이는 것일까? 먼저 그 이유를 두 가지 관점에서 살펴본 후 에너지에 대한 본격적인 이해를 구해 보자.

우선, 역사적 관점이다. 이미 말했듯이 뉴턴의 세 가지 운동 법칙들은 고전 역학을 서술하는 데 어떤 부족함도 없다. 그런데 뉴턴의 운동 법칙은 힘에 대해 말하고 있으므로 크기와 함께 방향도 고려해야 한다. 곧, 벡터양을 다룬다. 역사적으로 보면, 뉴턴으로 대표되는 영국의 물리학 연구는 바로 힘, 속도, 가속도, 운동량 등 벡터양을 중심으로 물리적 문제를 해결하려 하였다. 그러나 라그랑주, 오일러, 베르누이 형제 등으로 대표되는 유럽의 물리학 연구 풍토는 방향을 고려할 필요가 없는 에너지 관점에서 물리적 문제를 해결하려 하였다. 곧, 스칼라양을 이용하였다. 때로는 매우 복잡한 상황에서는 뉴턴의 역학으로는 문제를 풀어내는 것이 매우 어렵거나 거

1 고전 역학(classical mechanics), 보다 일반적으로 고전 물리학(classical physics)은 1900년을 기점으로 시작된 현대 물리학(modern physics)이 생기기 이전에 완성되었거나 거의 완성 단계에 이른 물리학을 일컫는다. 그렇다면 어떤 이론이 1900년 이전에 완성되었으면 고전 물리학, 1900년 이후에 완성되었으면 현대 물리학이라 할까? 그것은 아니다. 현대 물리학은 아인슈타인에 의해 거의 독자적으로 발전, 완성된 상대성 이론과 아인슈타인과 슈뢰딩거 등을 포함한 많은 물리학자들에 의해 만들어진 양자 역학을 일컫는 것으로 이 두 분야의 개념이 물리학의 다른 분야에 도입되어 어떤 현상을 설명한다면 그것은 현대 물리학이 되는 것이다. 아무리 21세기에 완성되었더라도 상대성 이론이나 양자 역학을 이용하지 않았다면 고전 물리학에 속한다.

의 불가능에 가까웠지만, 에너지 개념을 이용하면 비교적 쉽게 풀어낼 수 있는 이점이 있다. 그러나 이것만이 에너지 개념을 물리학에 도입해야 하는 유일한 이유는 아니다.

다른 하나는 비록 우리가 일상생활에서 쓰는 '에너지'라는 낱말은 매우 다양한 뜻을 가지고 있지만, 실제로 물리학에서 쓰이는 매우 좁은 뜻의 에너지 관점에서 보더라도 에너지는 우리 일상생활과 매우 밀접한 관련이 있다. 특히, 경제 문제와 연관 지으면, 조금 심하게 말해 우리가 하는 모든 경제 활동은 물리학에서 말하는 에너지와 관련이 있다.

우리가 돈을 쓰는 것을 생각해 보자. 배가 고파서 식당에 들어가 음식을 사서 먹었다면, 여러분이 사용한 돈은 물리학에서 말하는 에너지를 사기 위해 지급한 것이다. 몸을 움직이려면 에너지가 필요한데 이 에너지는 음식을 소화해 얻으므로 음식을 산 것은 곧 에너지를 산 것이다. 자동차에 연료를 주입하고 내는 돈 역시 마찬가지이다. 물론 경제학자들이 이 말을 들으면 경제활동을 너무 단순화시켜서 말했다고 할지 모르나, 사치품[2] 등을 제외하고는 소비자가 어떤 물품을 사기 위해 내는 재화의 크기는 사려는 그 물품에 담긴 에너지에 대해 소비자가 생각하는 효용성에 의해 결정된다고 해도 지나친 말은 아니다.

2 영어로는 luxurious items인데, 이 낱말 조합을 우리말로는 '명품'이라 번역하여 사치품에 대한 저항감을 줄였다. 매우 똑똑한 판매 전략으로 우리나라에서 효과적으로 작동하고 있다.

1. 일

- 일
  1. 무엇을 이루거나 적절한 대가를 받기 위하여 어떤 장소에서 일정한 시간 동안 몸을 움직이거나 머리를 쓰는 활동. 또는 그 활동의 대상.
  2. 어떤 계획과 의도에 따라 이루려고 하는 대상.
  3. 어떤 내용을 가진 상황이나 장면.
  4. 사람이 행한 어떤 행동.
  5. 해결하거나 처리해야 할 문제. 또는 처리하여야 할 행사.
  6. 문젯거리가 되는 현상.
  7. 처한 형편이나 사정.
  8. 과거의 경험.
  9. 어떤 상황이나 사실.
  10. (동사의 관형사형 뒤에 쓰여) 그 동사의 행위를 이루는 동작이나 상태를 이르는 말.
  11. 용변(用便)이나 성교(性交) 따위를 완곡하게 이르는 말.
  12. ('-ㄹ/을 일로/일이다' 구성으로 쓰여) 마땅히 그렇게 하여야 함을 이르는 말.
  13. 『전기·전자』 물체에 힘이 작용하여 물체가 힘의 방향으로 일정한 거리만큼 움직였을 때에, 힘과 거리를 곱한 양.

- work
  1. activity in which one exerts strength or faculties to do or perform something:
     a) activity that a person engages in regularly to earn a livelihood people looking for work
     b) a specific task, duty, function, or assignment often being a part or phase of some larger activity
     c) sustained physical or mental effort to overcome obstacles and achieve an objective or result
  2. one's place of employment
  3. a) something produced or accomplished by effort, exertion, or

exercise of skill this book is the work of many hands

b) something produced by the exercise of creative talent or expenditure of creative effort : artistic production

4. a) something that results from a particular manner or method of working, operating, or devising

   b) something that results from the use or fashioning of a particular material porcelain work

5. a) works plural : structures in engineering (such as docks, bridges, or embankments) or mining (such as shafts or tunnels)

   b) a fortified structure (such as a fort, earthen barricade, or trench)

6. works plural in form but singular or plural in construction : a place where industrial labor is carried on : PLANT, FACTORY

7. works plural : the working or moving parts of a mechanism the works of a clock

8. works plural

   a) everything possessed, available, or belonging

   b) subjection to drastic treatment : all possible abuse —usually used with get or give

9. a) the transference of energy that is produced by the motion of the point of application of a force and is measured by multiplying the force and the displacement of its point of application in the line of action

   b) energy expended by natural phenomena

   c) the result of such energy

10. a) effective operation : EFFECT, RESULT

    b) manner of working : WORKMANSHIP, EXECUTION

11. works plural : performance of moral or religious acts

12. the material or piece of material that is operated upon at any stage in the process of manufacture

에너지란 무엇인가? 우리는 일상생활에서 이 낱말을 매우 자주 쓴다. 그런데 물리학에서 이 쓰임말을 제대로 알려면 먼저 '일'이란 물리학 쓰임말에 대해 알고 있어야 한다. 그렇다면 일이란 무엇인가. 사전의 설명 항목의 개수가 말해 주듯이 일이라는 낱말은 일상생활에서 매우 다양한 뜻으로 쓰이고 있다. 그러나 물리학에서 말하는 일은 표준국어대사전의 설명 항목 13번에 나와 있다. 그러나 매우 제한적으로만 설명하였고 역시 분야는 『전기·전자』에서 『물리』로 바꾸어야 한다. 이 설명은 물체에 작용하는 힘이 일정하고, 물체는 그 힘과 같은 방향으로 직선 운동을 할 때만 적용된다.

물리학에서 말하는 일이란 무엇인가?

> 어떤 물체가 힘이 작용하고 있는 상태에서 움직였다면 그 힘이 일을 했다고 한다.

이 설명은 물리학에서 말하는 일을 정확하게 나타내고는 있지만 완벽하지 않다. 왜냐하면 일도 물리량이므로 일에 대한 설명에는 수량적 표현이 담겨 있어야 하기 때문이다. 수량적인 표현은 약간의 수학적 숙련이 필요하므로 뒤에서 간단히 다루기로 하고 여기서는 이 서술이 담고 있는 중요한 뜻에 대해 먼저 생각해 보자.

우선, '그 힘이 일을 했다'라는 표현을 보자. 이 표현의 중요한 뜻은 물리학에서 일에 대해 언급할 때는 반드시 그 일의 주체, 곧 어떤 힘이 일을 했는지 분명히 해야 한다는 것이다. 내 경험에 의하면, 일에 대한 오개념의 상당 부분은 바로 일의 주체에 대한 이해 부족에서 그 원인을 찾을 수 있다. 특히 상대방이 있어 일에 대해 의견을 나눌 때 '중력이 한 일'처럼 구체적으로 밝히지 않고 이야기를 하다 보면 각자 서로 다른 힘이 한 일을 생각하고 있다는 것을 깨달을 경우가 많다.

일의 수량적 표현을 수학 없이 다루려면, 다음의 몇 가지만 알아도 충분하다.

1. 일이 0이 되는 경우들

   a) 힘이 작용했음에도 물체의 움직임이 없을 때.

   b) 힘의 작용 없이도 물체가 움직일 때.

   c) 힘의 작용도 있고 물체가 움직이고 있으나, 힘의 방향이 물체의 움직이는 방향과 수직을 이룰 때. 지구 표면에서 물체를 수평 방향으로 이동시킬 때 중력이 한 일, 등속 원운동에서 구심력이 한 일 등이 대표적인 경우이다.

2. 일이 음수가 될 수 있나?

- 그렇다. 일은 음수가 될 수도 있다. 그렇다면 힘이 작용하여 물체가 움직일 때 어떻게 일이 음수가 될 수 있나? 힘의 방향과 물체의 속도 또는 움직이는 방향이 이루는 각은 0도에서 180도까지 모두 가능하다. 만일 이 각이 예각이면 일은 양수이고, 둔각이면 음수이다. 아마도 물리학에 대한 이해가 깊지 않은 분들은 일이 음수가 된다는 것에 대해 매우 놀랄 수도 있다. 일이 음수가 된다는 뜻은 뒤에서 다룰 일-운동 에너지 정리를 통해서 보다 구체적으로 알게 될 것이다.

위 항목들 중 1.a)와 1.b)는 추가 설명이 없더라도 바로 이해할 수 있다. 일의 수량적 표현은 위 항목 중 1.c)와 2.를 한데 묶어서 이해하면 된다. 아마도 수학에 조예가 조금 있다면 이 두 항목을 보고 바로 일이 힘과 속도 또는 움직이는 방향이 이루는 사잇각의 코사인값이 곱해져야 한다는 것을 눈치챘을 것이다. 90도의 코사인값은 0이므로 항목 1.c)를 설명해 주는 것이고, 각도의 코사인은 예각일 때는 양수, 둔각일 때는 음수이므로 항목 2.

역시 쉽게 이해할 수 있다.

그렇다면 힘의 방향과 운동 방향이 다를 수 있다는 말인가? 그렇다. 매우 흔히 만나는 경우인데, 무거운 물체가 바닥에 놓여 있는데 들어올릴 수가 없어 밀어서 움직여야 하는 상황을 생각해 보자. 너무 무거워 잘 미끄러지지 않으면 우리는 보통 이 물건을 살짝 들어올리면서 밀면 잘 미끄러진다는 것을 알고 있다. 물체를 들어올리면 바닥에 작용하는 수직 항력이 줄어들어 마찰력을 줄여 주기 때문이다. 이때, 들어올리면서 미는 힘의 방향은 물체가 미끄러지는 수평 방향도 아니고, 수직 방향도 아니다. 그 중간쯤 어디이다. 이와 같이 힘의 작용 방향과 물체의 움직이는 방향이 얼마든지 다를 수 있다.[3] 또한 구심력의 경우에도 우리는 쉽게 힘의 방향이 물체의 움직이는 방향과 수직이라는 것을 알 수 있다.

일이 음수가 되는 구체적인 경우들을 생각해 보자. 음의 일을 하는 대표적인 힘이 마찰력이다. 물체가 미끄러질 때 마찰력이 작용한다면 그 마찰력은 물체의 움직이는 방향과 정반대 방향이다. 따라서 마찰력이 한 일의 크기는 (마찰력의 크기×움직인 거리)이지만 180도의 코사인값이 -1이므로 마찰력이 한 일은 -(마찰력의 크기×움직인 거리)가 된다. 물체를 위로 던지면, 올라갈 때 중력이 한 일은 음수가 된다. 그러나 내려올 때는 양의 일을 한다. 물체를 비탈면에서 미끄러지게 하는 상황을 생각해 보자. 물체의 무게가 그냥 미끄러지게 하기에는 무겁지만 한 번 미끄러지면 속력이 너무 커져서 이 물체를 살짝 들어올리면서 비탈면 위쪽으로 끌어당기는 힘을 주면서 미끄러져 내려가고 있다고 가정하자. 이 힘의 방향은 미끄러져

3 이것이 물체의 움직임과 힘은 직접적으로 관련이 없다는 또 다른 증거이다. 또한, 이때의 가속도 방향 역시 힘과 다르게 수평 방향인데, 가속도는 힘이 아니라 알짜힘에 의해 결정되기 때문이다.

내려가는 방향과 180도를 이루지도 않고 비탈면과 수직한 방향도 아니지만 물체가 미끄러져 내려가는 방향을 거스르는 방향이다. 바로 힘과 움직이는 방향이 둔각을 이룬다. 바로 이 힘이 음의 일을 한다.

2. 에너지

- **에너지**

  1. 인간이 활동하는 근원이 되는 힘.
  2. 『물리』 기본적인 물리량의 하나. 물체나 물체계가 가지고 있는 일을 하는 능력을 통틀어 이르는 말로, 역학적 일을 기준으로 하여 이와 동등하다고 생각되는 것, 또는 이것으로 환산할 수 있는 것을 이른다. 에너지의 형태에 따라 운동, 위치, 열, 전기 따위의 에너지로 구분한다.

- **energy**

  1. a) dynamic quality
     a) the capacity of acting or being active
     b) a usually positive spiritual force
  2. vigorous exertion of power : EFFORT
  3. a) a fundamental entity of nature that is transferred between parts of a system in the production of physical change within the system and usually regarded as the capacity for doing work
     b) usable power (such as heat or electricity)

우리가 일상생활에서 쓰는 '에너지'는 위 사전들, 특히 메리엄-웹스터 사전에는 매우 다양한 뜻들이 나열되어 있다. 특히 우리는 일상생활에서 힘, 에너지 그리고 영어로 'power' 모두가 같은 뜻으로 사용하는 경우가 많다. 그러나 물리학에서는 이들 모두 서로 전혀 다른 물리량들이다.

표준국어대사전의 설명 항목 2는 물리 분야의 쓰임말이라고 밝히면서 '물체나 물체계가 가지고 있는 일을 하는 능력을 통틀어 이르는 말'이라 하였으나 잘못된 개념을 줄 수 있는 매우 위험한 서술이다. 특히 마지막 문장은 물리학적 관점에서 보아 옳지 않은 서술이다. 엄밀하게 말하면, 물리학에서 다루는 에너지는 드러난 에너지와 숨어 있는 에너지, 딱 두 종류만 있다. 바로 운동 에너지와 퍼텐셜 에너지이다.

1) 운동 에너지

움직이는 물체가 가지는 운동 에너지는 물체의 질량에 속력의 제곱을 곱해 반으로 나눈 값으로 정의한다. 질량을 m, 속력을 v라 하면 $\frac{1}{2}mv^2$이다. 운동 에너지의 정의를 이렇게 한 이유가 있으나 여기에서 그 이유를 자세히 다루지는 않을 것이다. 다만, 내가 겪었던 일을 바탕으로 운동 에너지의 정의와 관련된 이야기를 하나 하려 한다.

대학에 교수로 있다 보면 소위 재야 물리학자들이 다양한 형태로 자신의 주장을 현직 대학교수에게 보내어 옳다는 인정을 받고 싶어 한다. 그중 하나가 바로 운동 에너지는 $\frac{1}{2}mv^2$이 아니라 mv^2이어야 한다는 주장이 있었다. 그분에게는 미안하지만 보내준 글을 자세히 읽지도 않았고 오랜 시간이 흘러 정확한 논지는 기억나지 않는다. 그분의 주장대로 운동 에너지를 mv^2이라 정의해도 다른 관련된 물리량에 2를 곱하거나 나누어 주면 현재의 물리학 이론을 전혀 바꾸지 않고도 이 정의를 쓸 수 있다. 다만 지금 와서 굳이 이렇게 정의를 바꾸어 혼란을 초래할 이유는 없다.

운동 에너지는 물체가 움직일 때 정의되므로 우리가 바로 알아챌 수 있다. 곧, 운동 에너지는 '드러나 있는' 에너지다. 여기서 한 가지 주의를 기울여야 할 점은, 모든 운동은 상대 운동이므로, 운동 에너지는 관찰자에 따라 다른 값을 가질 수 있다는 점을 알아야 한다. 예를 들어 지나가는 자동차의 속력과 질량을 안다면 쉽게 운동 에너지를 계산할 수 있다. 그러나 움직이는 그 자동차에 타고 있는 사람에게는 자동차가 정지해 있으므로 그 사람에게 자동차의 운동 에너지는 0이다.

2) 퍼텐셜 에너지

흔히 위치 에너지라고 잘못 알려진 퍼텐셜 에너지는 말 그대로 '숨겨져 있는' 에너지이다. 영어로 'potential energy'를 일본 학자들이 번역하는 과정에서 이것이 위치의 함수로 표현된다는 점만 강조하여 위치 에너지라고 잘못 번역하였다. 영어 potential의 사전적 의미는 '잠재적인', '가능성 있는' 등이다. 이런 potential이란 낱말이 어떻게 위치와 관련이 있는가? 간접적이기는 하지만 운동 에너지도 위치의 함수로 나타낼 수 있다. 따라서 potential energy를 위치 에너지라 번역한 것은 매우 잘못된 것이다. 그런데 이 쓰임말을 한국물리학회에서는 적절한 번역어를 찾지 못해 그냥 소리가 나는 대로 적어 퍼텐셜 에너지라 부른다.

앞에서 물리학에서는 운동 에너지와 퍼텐셜 에너지 딱 두 가지의 에너지만 있다고 하였는데, 중력 에너지, 전기 에너지 등 물리학에 나오는 다양한 이름으로 불리는 에너지에 대해 생각해 보자. 퍼텐셜 에너지는 도대체 무엇인가? 결론부터 말하면, 운동 에너지는 속력이 있으면 드러나는 에너지이므로 한 가지밖에 없다. 그러나 퍼텐셜 에너지는 그 물체에 작용하는 힘에 의해 정의되므로 힘의 종류에 따라 이름을 다르게 부른 것이다. 예를 들어, 책상 위에 놓인 책의 퍼텐셜 에너지는 지구가 그 책을 당기고 있는 중력에 의해 만들어지므로 중력 (퍼텐셜) 에너지라 부른다. 전하를 띤 입자가 가지는 퍼텐셜 에너지는 다른 입자들이 미치는 전기력에 의해 만들어지므로 전기 (퍼텐셜) 에너지라 부른다. 이와 같이 퍼텐셜 에너지는 자신을 만드는 서로작용, 곧 힘에 의해 결정되므로 그 힘의 성격에 맞는 쓰임말을 덧붙여 다양한 이름으로 불리게 되지만 '숨겨진 에너지'라는 점에서는 모두 한 가지이다.

이렇게 다양한 형태의 퍼텐셜 에너지가 있지만, 어떤 에너지는 매우 주의를 기울여야 한다. 흔히 '열에너지'라는 쓰임말을 들어 보았거나 알고 있는 분들도 있을 것이다. 열에너지는 물리학 쓰임말도 아닐뿐더러 매우 잘못된 개념이 담겨 있다. 더욱이 열에너지는 퍼텐셜 에너지도 아니다. 또한, 내부 에너지라는 물리학 쓰임말도 있다. 내부 에너지는 입자의 개수가 매우 많은 계의 물리적 상황을 이해하는 데 매우 중요한 역할을 하는 물리학 쓰임말이기는 하지만, 이것 역시 미시적으로 들여다보면 결국 계를 구성하는 입자들의 운동 에너지와 퍼텐셜 에너지의 총합이다. 이 문제들은 나중에 열에 대해 논의할 때 다시 다루도록 하겠다.

앞에서 퍼텐셜 에너지는 그 물체에 작용하는 힘에 의해 결정된다고 하였는데, 힘은 외부와의 서로작용에 의해 나타나므로 이 서로작용의 성격이 다양한 형태의 퍼텐셜 에너지를 만든다. 그렇다고 하여 아무 서로작용이나 다 퍼텐셜 에너지를 만드는 것은 아니다. 퍼텐셜 에너지를 정의할 수 있는 힘을 보존력(conservative force)이라 부른다. 보존력은 다음과 같은 힘들을 가리킨다.

1. 힘을 주어 물체를 한 지점에서 다른 지점으로 옮길 때 해준 일이 물체의 움직인 경로와 무관한 힘.
2. 제자리로 되돌아왔을 때 해준 일이 0인 힘.

이 두 가지 말고도 전문가들에게는 수학적으로 보존력을 정의하는 방법이 하나 더 있으나 여기서는 다루지 않겠다. 위의 두 정의는 서로 달라 보이지만 다음의 예를 보면 사실은 같은 정의라는 것을 알 수 있다.

스키장에 가서 스키를 타려면 장비를 갖춘 후 리프트를 타고 꼭대기까지 올라가야 한다. 그리고는 리프트에서 내려 스키를 타고 슬로프를 내려와 다시 리프트를 타기 위해 줄을 선다. 그런데 줄이 너무 길어서 그냥 걸어 올라가기로 하였다. 여기서 리프트를 타고 꼭대기에 도달하는 동안 중력이 한 일은 걸어서 올라갈 때 중력이 한 일과 같다. 그러나 두 경로는 서로 다르다. 따라서 중력은 보존력이다. 그런데 리프트를 타고 꼭대기에 올라가서 스키를 타고 내려와 리프트를 타려고 제자리에 돌아왔을 때 중력이 한 일은 0이다. 왜냐하면 보존력이 한 일은 움직인 경로와 무관하므로 내려올 때 중력이 한 일은 올라갈 때 중력이 한 일과 크기는 같지만, 부호가 반대이다. 따라서 올라갈 때 중력이 한 일과 내려올 때 중력이 한 일을 더해주면 0이 된다.

이러한 보존력에는 질량을 가진 물체 사이에 작용하는 중력 외에도 전자나 양성자와 같이 전하를 띤 입자들 사이에 작용하는 전기력, 자석들 사이에 작용하는 자기력 등이 있다. 그렇다면 보존력이 아닌 힘은 무엇이 있나? 가장 대표적인 비보존력이 마찰력이다. 마찰력이 비보존력인 이유는 보존력의 정의 1번을 보면 알 수 있다. 트럭에 물체를 싣기 위해 받침을 놓고 물체를 밀어 올릴 때 마찰력이 한 일과 그 물체를 트럭 가까이 밀고 가서 들어올릴 때 마찰력이 한 일은 마찰력이 작용한 거리가 다르기 때문에 서로 다르다. 마찰력과 비슷한 공기의 저항이나 유체의 점성 등도 비보존력이다.

3. 일-운동 에너지 정리

일이란 무엇이고, 에너지의 드러남과 숨겨짐에 대한 이해를 보다 명확하게 하려면 일-운동 에너지 정리를 먼저 이해해야 한다.

> 일-운동 에너지 정리
> 어떤 물체에 힘을 작용하여 일을 하였다면 그 물체의 운동 에너지가 변한다. 이때 운동 에너지의 변화량은 그 힘이 해준 일과 같다.

돌멩이를 던져 올려 보자. 그 물체는 얼마간 위로 올라가다 어느 한 순간 정지했다가 다시 내려온다. 이 과정을 조금 더 자세히 살펴보자.

1. 올라갈 때
   a) 중력이 일을 하는데 음의 일을 한다. 왜? 중력은 아래로 향하는데 물체는 위로 올라가고 있기 때문이다.
   b) 중력이 음의 일을 한 결과는 운동 에너지의 감소로 나타난다. 이것은 중력이 운동 방향과 반대로 작용하여 속력을 줄어드는 것과 일치한다.
   c) 그렇다면 줄어든 운동 에너지는 어떻게 되었는가? 물체가 위로 올라가면 중력 퍼텐셜 에너지가 늘어나는데 바로 이 중력 퍼텐셜 에너지의 증가는 줄어든 운동 에너지가 일이라는 과정을 통해 퍼텐셜 에너지로 숨겨졌기 때문에 일어난다.
2. 내려갈 때
   a) 내려갈 때도 중력이 일을 하는데 이때는 양의 일을 한다. 왜? 중력

이 아래로 향하는데 물체 역시 아래로 내려가고 있기 때문이다.

b) 중력이 양의 일을 한 결과는 운동 에너지의 증가로 나타난다. 이것은 중력이 운동 방향으로 작용하여 속력을 늘어나는 것과 일치한다.

c) 그렇다면 늘어난 운동 에너지는 어디에서 오는가? 물체가 아래로 내려가면 중력 퍼텐셜 에너지가 줄어드는데 바로 이 운동 에너지의 증가는 줄어든 퍼텐셜 에너지가 일이라는 과정을 통해 운동 에너지로 드러났기 때문에 일어난다.

이제 일이 무엇인지 알아차렸을 것이다. 일이란 에너지를 변환시켜 주는 과정이다. 곧, 음의 일을 통해 운동 에너지를 퍼텐셜 에너지로 숨기고, 양의 일을 통해 퍼텐셜 에너지를 운동 에너지로 드러낸다.

힘이 작용하더라도 그 힘이 일을 하지 못하면 운동 에너지의 변화를 일으키지 못한다. 등속 원운동을 하는 물체에 작용하는 구심력은 언제나 운동 방향과 수직하므로 일을 하지 못한다. 따라서 구심력은 원운동하는 물체의 운동 에너지를 변화시킬 수 없다. 바꾸어 말하면 구심력은 일을 하지 못해 운동 에너지가 변하지 않으므로 속력이 일정한 원운동을 하는 것이다.

책상 위에 놓인 물체에 수평 방향으로 힘을 주어 밀었더니 움직였다. 정지했던 물체가 움직였으니 운동 에너지가 늘어났다. 그런데 중력은 이 물체의 운동 방향과 수직하니 일을 하지 못한다. 그런데 어떻게 운동 에너지의 변화가 일어났을까? 중력은 일을 하지 않았으나 정지한 물체를 밀어 움직이게 하려면 수평 방향으로 힘을 주어야 하는데, 바로 그 힘이 일을 한 것이다. 이와 같이 일에 대해 말할 때는 반드시 그 일의 주체, 곧 어떤 힘이 일을 하였는지 따져 보아야 한다.

운동 마찰력은 언제나 물체의 움직이는 방향과 반대로 작용하므로 음의 일을 한다. 따라서 운동 마찰력이 작용하면 운동 에너지가 줄어든다. 곧, 속력이 줄어든다. 많은 사람들이 이처럼 마찰력이 작용하면 속력이 반드시 줄어드는 것으로 알고 있는데, 꼭 그런 것은 아니다. 예를 들어, 내가 걸어가기 위해 땅을 발로 밀면 땅은 내 발에 반작용으로 마찰력을 작용하는데, 땅이 내 발에 주는 마찰력은 내 몸이 앞으로 나아가는 방향으로 작용하므로 양의 일을 한다. 이렇게 마찰력이 양의 일을 하기도 한다. 그렇다면 무엇 때문에 이러한 차이가 나는가? 후자의 경우는 운동 마찰력이 아니라 정지 마찰력이며, 이 정지 마찰력의 방향은 변화가 일어나려는 방향과 반대이다. 만일 마찰력이 없다면 내가 땅을 발로 밀면 내 발은 그냥 뒤로 미끄러질 것이다. 바로 이 미끄러지는 방향과 반대로 마찰력이 작용한다. 이런 뜻에서 본다면 마찰력은 항상 물체의 운동 방향과 반대이다.

4. 에너지 보존 법칙

에너지 보존 법칙은 물리학의 분야에 따라 서로 다른 이름으로 변장을 하고 있어서 혼동을 일으킨다. 예를 들면 열물리학[4]에는 열역학 제1법칙이 있는데, 에너지 보존 법칙을 이렇게 부른다. 이 에너지 보존 법칙은 넓은 의미의 보존과 좁은 의미의 보존이 있다. 넓은 의미의 에너지 보존 법칙은 다음과 같다.

에너지란 새로이 만들 수도 없지만, 사라지지도 않는다. 다만, 에너지

4 흔히 열역학(thermodynamics)이라고 알려진 물리학의 한 분야이다. 오늘날 여전히 이 이름이 다른 분야에서는 쓰이고 있지만, 물리학 분야에서는 열역학이라는 명칭이 자칫 오해를 불러일으킬 수 있으므로 열물리학(thermal physics)이라 새로 이름 붙여 쓰고 있다.

는 한 꼴에서 다른 꼴로 바뀔 수 있을 뿐이다.

이 법칙에는 조건이 없다. 그만큼 일반적인 법칙이라는 뜻이다. 다만, 이 법칙을 써서 물리학의 문제를 '수량적'으로 풀어낼 수는 없다. 여기서 '에너지가 한 꼴에서 다른 꼴로 바뀐다'고 하였는데, 바로 이 에너지의 변환 과정 중 하나가 앞서 말한 '일'이다. 다른 하나가 열물리학에서 다루는 '열'이다. 바꾸어 말하면 에너지는 일과 열이란 과정을 통해 자신의 꼴을 바꾼다. 그러나 엄밀하게 말하면 에너지 변환 과정은 일밖에 없다. 열이란 입자의 개수가 무척 많은[5] 계끼리의 에너지 변환 과정인데, 이 과정 역시 미시적 관점에서 보면 결국 일이다.

그렇다면 물리학의 문제를 수량적으로 풀어내는 데 쓸모있는 에너지 보존 법칙은 다음과 같다.

닫힌계의 에너지는 보존된다.

무척 간단해 보이지만 매우 깊은 뜻을 가지고 있다. 이미 눈치채셨겠지만, 이 법칙은 닫힌계 또는 고립계에만 적용된다.

현대 물리학의 발전은 이 에너지 보존 법칙에도 변화를 가져왔다. 상대성 이론에 따르면 물체가 정지해 있어도 『질량×광속의 제곱』만한 에너지가 질량으로 응축되어 있다고 한다. 이 에너지는 드러나는 에너지가 아

5 여기서 말하는 '무척 많은'이란 이론적으로는 무한히 많은 입자 수를 뜻하지만, 실제로는 우리가 흔히 다루는 거시 세계는 모두 여기에 해당한다고 볼 수 있다. 예를 들어 방 안의 공기 분자들로 이루어진 계는 대략 10^{26}개 이상의 공기 분자들로 이루어져 있는데 이 정도면 입자의 개수가 무한대라고 해도 무방하다.

니므로 퍼텐셜 에너지라 할 수 있다. 아인슈타인의 유명한 공식 $E=mc^2$은 단지 질량에 담긴 에너지 값을 계산하는 데에만 쓰이는 것이 아니라, 질량과 에너지는 동등하다는 보다 깊은 뜻을 담고 있다. 따라서 에너지 보존과 질량 보존이 따로따로 있는 것이 아니라 질량-에너지 보존이라 해야 한다. 다만 물체의 속도가 빛의 속도보다 매우 느린 우리 일상생활에서는 이 효과를 관측하기가 매우 어렵다.

닫힌계가 아니더라도 에너지 보존 법칙이 성립할 수 있는데, 그것은 역학적 에너지 보존 법칙이다. 역학적 에너지란 계의 운동 에너지와 퍼텐셜 에너지를 아울러 일컫는 말이다. 앞에서 엄밀하게 에너지에는 운동 에너지와 퍼텐셜 에너지만 있다 하였으니, 굳이 역학적 에너지라는 새로운 쓰임말은 쓸데없이 혼란을 일으키는 게 아닌가 생각할 수 있다. 그 이유는 조금만 더 읽으면 바로 알 수 있다.

역학적 에너지 보존 법칙

어떤 계에 작용하는 외부 힘들이 모두 보존력이라면 그 계의 역학적 에너지는 보존된다.

이때 계가 열려 있는지 닫혀 있는지 중요하지 않다. 오로지 작용하는 모든 힘들이 보존력인가 아닌가가 중요하다. 떨어지는 돌멩이를 생각해 보자. 중력이 작용하여 물체가 가속하므로 운동 에너지는 늘어난다. 중력이 양의 일을 했기 때문이다. 바로 중력이 해준 일이 돌멩이의 운동 에너지 증가분인데, 이때 퍼텐셜 에너지가 중력이 한 일만큼 줄어든다. 바로 퍼텐셜 에너지 감소분이 운동 에너지 증가분과 같다. 따라서 운동 에너지와 퍼텐셜 에너지의 합인 역학적 에너지는 변하지 않는다.

그렇다면 비보존력이 작용하는 계에서는 에너지 보존 법칙을 적용할 수 없을까? 그렇지는 않다. 에너지는 새로 만들어지거나 없어질 수 없으니 비보존력이 작용하는 계에서도 그 계가 닫혀 있다면 에너지 보존 법칙은 여전히 성립한다. 다만, 역학적 에너지 보존 법칙을 적용할 수 없으니 조금 복잡해질 뿐이다.

우리가 겨울에 추운 바깥에서 손이 시리면, 두 손바닥을 펴서 마주 보게 하고 붙여서 비벼 준다. 그러면 손바닥이 따뜻해지면서 손 시림을 잠시 잊을 수 있다. 이때 손이 움직이면 운동 에너지를 가지는데, 이 운동 에너지의 일부가 마찰력을 통해 일을 하면서 내부 에너지가 늘어나게 하여 온도가 올라가 따스함을 느끼는 것이다[6]. 내부 에너지란 새로운 형태의 에너지가 아니라 아주 많은 입자로 이루어진 계에서 개개의 입자가 가지고 있는 운동 에너지와 퍼텐셜 에너지를 모두 합하여 부르는 것이므로 궁극적으로는 역학적 에너지이다. 그렇다면 굳이 이러한 새로운 명칭이 필요한 이유는 무엇일까? 에너지 변화는 일과 열이라는 과정을 통해 이루어진다. 이때 계의 부피 변화를 통해 에너지 변환이 일어나면 그것은 일이라는 과정을 통한 것이고, 일에 의한 변환을 제외한 다른 변환 과정은 열이다. 그러나 이 열이라는 과정도 미시적으로 들여다보면 결국 일에 해당한다. 더욱이 입자 하나 또는 충분하지 못한 개수의 입자로 이루어진 계에 대해서는 내부 에너지라는 것을 정의할 수 없다. 일반적으로 열려 있는 계의 에너지는 보존되지 않는 경우가 많다. 그러나 열려 있는 계의 에너지가 보존되고, 열이라는 과정이 일어나지 않았다면 바로 역학적 에너지 보존 법칙을 적용할 수 있다. 이러한 경우를 설명하기 위해 역학적 에너지라는 명칭이 필요했던 것이다.

6 이때 흔히 '열이 발생한다'고 하는데 물리학적으로는 옳은 표현이 아니다.

6장

입자계와 강체

지금까지 우리는 '입자'와 '물체'라는 낱말을 뚜렷한 구분 없이 섞어 써 왔다. 이제는 이 낱말의 뜻을 명확히 해야 한다. 명확하게 구분하지 않고 썼던 이유는 두 가지다.

첫째, 지금까지 우리는 물체를 모두 부피가 없는 점으로 생각했기 때문이다. 바꾸어 말하면 모든 물체를 입자로 취급하였다. 그러나 세상에 부피가 없는 물체란 있을 수 없다. 물리학에서 입자란 부피가 매우 작은 물체만 가리키는 것이 아니라 일반적으로 질량은 가지고 있으나 부피가 없는 점으로 취급해도 문제가 없는 물체를 가리킨다.

고속버스의 부피는 우리 몸과 비교해 매우 크므로 버스의 특정 부분의 움직임만을 따로 떼어내 들여다볼 수 있다. 이 경우에 우리는 버스를 점으로 취급하면 안 된다. 그러나 서울에서 부산으로 움직이는 버스의 운동을 지도 위에 표시할 때는 버스를 점으로 취급해도 된다. 곧, 입자로 취급해도 된다는 말이다. 그런데 입자로 **취급한다**는 말은 또 무엇인가? 이 질문에 대한 답은 두 번째 이유를 보면 자연스레 알게 된다.

두 번째 이유는 실제로 부피를 무시할 수 없더라도 물체의 회전이 없다면 그 물체는 부피를 갖지 않는 것으로 보아도 무방하기 때문이다. 물체의 부피를 고려하면, 물체가 움직인다고 할 때 물체의 운동은 두 종류의 운동이 섞여 있다는 것이다. 그 두 운동이란 물체 전체가 공간을 미끄러지듯 움직이는 운동과 물체가 미끄러지지는 않지만 회전하는 운동을 말한다. 실제 물체의 운동은 이 두 운동이 섞여 있는 경우가 대부분이다. 지구의 운동을 생각해 보자. 지구 안에 있는 우리는 느낄 수 없지만, 물리학자들은 지구가 자전과 공전을 하고 있다고 한다. 자전은 하루에 한 번, 공전은 1년에 한 번 일어난다. 외부, 예를 들어 태양에서 본다면 지구는 그 전체가 공간을 미끄러지듯 움직이는 운동(공전)과 회전하는 운동(자전)이 섞여 있는 운동을 한다고 관찰할 수 있다. 그런데 지구, 돌멩이, 양성자를 막론하고 모든 물체는 바로 이 회전 운동이 없다면 그 물체를 수학적으로는 점으로 취급해도 문제가 없는 경우가 많다. 회전 없이 움직이는 이 운동을 '병진 운동'이라 한다. 다행히도 부피를 무시할 수 없는 물체의 운동을 알아볼 때 병진 운동과 회전 운동을 떼어서 분석해도 된다.

여기까지 잘 이해가 되었어도 여전히 '입자로 취급한다'는 말의 뜻이 분명하지 않다. 어떤 경우에 입자로 취급하는 것은 알겠는데, 도대체 부피가 있는 물체를 어떻게 부피가 없는 입자로 취급한다는 말인가? 바꾸어 말하면 부피를 무시하려면 회전 운동이 없어야 한다는 것은 알겠는데, 그다음은 어떻게 해야 하나? 이 질문에 답하려면 '질량 중심'이라는 물리학 쓰임말을 알아야 한다. 이 쓰임말을 정의하려면 '입자계'란 쓰임말부터 알아야 한다. 두 개 이상의 입자들로 이루어진 계를 입자계라 한다. 예를 들어 수소 원자를 하나의 입자로 볼 수도 있지만, 양성자 하나와 전자 하나로 이루어진 입자계로 볼 수도 있다. 수소 기체가 들어 있는 용기에서 어떤 일이 벌어지는지 알려면 굳이 수소 원자를 양성자와 전자로 이루어진 입자계로 볼 필요 없이 수소 원자 전체를 하나의 입자로 취급해도 괜찮다. 그러나 수소 원자에서 방출되는 빛의 진동수가 관심이라면 더 이상 수소 원자는 하나의 입자가 아니라 양성자 하나와 전자 하나로 이루어진 입자계로 보아야 하고, 더 나아가서는 양자 역학이라는 아무도 완벽하게 이해하지 못하는 물리학을 적용해야 한다.

1. 질량 중심

앞에서 예를 든 서울에서 부산으로 가는 자동차의 평균 시속이 90킬로미터라 하였다. 보통 자동차는 당연히 사람보다 큰 부피를 가지고 있다. 자동차가 달리는 동안 자동차 바퀴의 타이어에 있는 한 점의 운동을 자세하게 관찰해 보자. 이 점은 길에 평행하게 움직이지 않고 상하 운동도 한다. 따라서 이 점이 서울에서 부산까지 가는 동안 움직인 거리는 당연히 450킬로미터보다 길다. 그러므로 이 점의 평균 시속은 90킬로미터보다 커야 한다. 이 자동차에는 이렇게 평균 시속이 90킬로미터보다 큰 점들이 무수히 많다. 그렇다면 도대체 자동차의 어떤 지점이 평균 시속 90킬로미터로 달렸다는 말인가? 그 점이 바로 지금부터 알아보려는 질량 중심이다.

질량 중심

어떤 입자계를 이루는 개개 입자의 질량과 위치를 곱하여 모두 더해준 후 질량의 합으로 나누어준 값이다.[1]

이렇게 질량 중심을 정의하면 "이게 도대체 뭔 말이야?" 하고 되묻는 분들이 많을 것이다. 도대체 뭔 말인지 구체적인 뜻을 더 살펴보기 전에 하나만 짚고 넘어가야 한다. 여기에서 말하는 '위치'란 더 정확하게는 '위치 벡터'를 말한다. 따라서 질량 중심도 위치 벡터이다.

질량이 같은 두 개의 입자로 이루어진 입자계의 질량 중심은 두 입자를 잇는 직선의 이등분점이 된다. 만일 한 입자가 다른 입자보다 질량이 두

1 수학을 하시는 분들은 이것이 입자들 위치의 질량 가중 평균이라는 것을 쉽게 알 것이다.

배라면 질량 중심은 두 입자를 잇는 직선의 2:1 내분점으로 질량이 큰 입자에 가깝다. 어느 한 입자가 다른 입자에 비해 질량이 매우 크다면 질량이 큰 입자의 위치를 질량 중심으로 보아도 괜찮다. 수소 원자의 질량 중심은 양성자의 위치가 된다. 세 개 이상의 입자로 이루어진 계의 경우는 이와 같이 각 입자들의 위치 벡터를 성분으로 나누어 계산하면 된다.

그런데 우리가 일상생활에서 접하는 물체들은 부피를 가지고 있다. 이런 물체들에 대해서도 질량 중심을 정의할 수 있을까? 가능하다. 우선 거시적인 물체라도 미시적으로 들여다보면 원자나 분자로 이루어져 있다. 곧, 모든 물체는 입자들로 이루어져 있다는 것이므로 부피를 가진 물체의 질량 중심을 정의할 수 있다. 그러나 실제로는 거시적인 물체에는 무척 많은 개수의 입자들이 있으므로 개개 입자들의 위치를 측정하여 질량 중심을 계산한다는 것은 현실적으로 불가능하다. 다행히도 입자의 개수가 무척 많다는 것은 입자 간 간격이 매우 촘촘하여 빈틈이 없는 것으로 간주해도 된다는 뜻이다. 빈틈이 없는 연속체는 적분이라는 수학적 방법을 이용하여 질량 중심을 정의할 수 있다. 이 방법은 수학적 배경이 없다면 이해하기 어려우니 이 책의 수준에 맞추어 간단한 경우만 생각해 보자.

만일 입자들이 모두 같은 질량을 가지고 있으면서 고르게 분포하고 있다면 질량 중심은 그 물체가 가지고 있는 기하학적 중심과 같다. 철로 이루어진 얇은 원판의 질량 중심은 원의 중심이다. 마찬가지로 쇠구슬의 질량 중심은 구슬의 중심이다. 반지름이 같은 철과 구리로 이루어진 반원판을 용접하여 붙인 원판의 질량 중심은 철로 이루어진 반원판의 기하학적 중심에 철판의 질량을 가지는 입자가 하나 있고 구리로 이루어진 반원판의 기하학적 중심에 구리판의 질량을 가지는 입자가 하나 있는, 두 개의 입자로 이루어진 입자계처럼 질량 중심을 계산하면 된다.

질량 중심을 현실적으로 이해하기 위해 필자가 살고 있는 경기도의 도청을 어디에 지을 것인지 생각해 보자. 물론 현재 경기도청 청사는 수원에 있다. 그러나 1967년 이전에는 서울에 있었다. 경기도청 청사가 경기도 안에는 없었다. 바로 1962년경 경기도청 청사 이전이 논의되고 있을 때로 돌아가 보자. 만일 경기도민이 경기도 안에 고르게 분포하여 살고 있고, 모든 도민이 반드시 매년 똑같은 횟수로 도청사를 방문하여 볼일을 보아야 하고, 교통수단은 도보로만 가능한데, 다행히도 경기도 땅이 평평하여 모든 도민이 도청사에 직선으로 걸어서 도착할 수 있다면, 과연 어디에 도청사를 세워야 도민들의 불만이 최소화될 것인가? 매우 어려워 보이지만 사실은 그리 어렵지 않다. 경기도 모양의 도형을 그려 기하학적 중심을 찾아 그 점에 해당하는 위치에 도청사를 세우면 된다. 제법 넓은 골판지를 경기도 모양으로 오려내어 이 골판지의 질량 중심을 구하면 된다. 그러면 이 골판지의 질량 중심은 어떻게 구할까? 경기도 모양 골판지의 한쪽 귀퉁이에 작은 구멍을 뚫고 벽에 박힌 못에 걸어 놓아 자유롭게 흔들리게 하면 언젠가는 정지할 것이다. 이때 골판지에 못을 통과하는 수직선을 긋는다. 이제 다른 귀퉁이에 대해 같은 작업을 반복하면 골판지에 두 개의 직선이 그어져 있는데 이 두 직선의 교차점이 질량 중심에 해당한다.

그러나 실제 도청사 위치를 정하는 일이 이렇게 간단하지는 않다. 우선 경기도민이 경기도 안에서 고르게 분포하여 살지 않는다. 도시에 인구가 집중하여 있고 특히 대규모 아파트 단지는 인구 밀도가 높다. 만일 경기도민 90%가 김포에 살고 있다면 도청사는 당연히 김포에 세워야 한다. 인구 밀도로 도청사를 정하는 방법은 바로 질량이 고르게 분포되어 있지 않은 물체에서 질량 중심을 구하는 방법과 똑같다. 그러나 도청사는 인구 밀도로만 정할 수 없다. 모든 도민이 도청사를 똑같은 횟수로 방문하지는 않는다. 대다수의 경기도민은 경기도 청사를 방문할 일이 평생 가도 거의 없을 것이다. 그러나 도청에 근무하는 공무원이나 환경미화원 같은 분들은 거의 매일 청사를 찾아야 한다. 물론 도청에 근무하는 공무원이나 환경미화원들의 의견이 근무환경에 대한 것이 아니라면 도청사의 위치를 정하는 데 매우 중요하게 반영되지는 않는다. 왜냐하면 필요에 따라 그분들은 도청사에 가까운 곳으로 이사하면 된다. 더욱이 교통수단이 도보만 있는 것도 아니고 경기도 지형이 평지도 아니다. 무엇보다 중요한 요인은 '어떻게 도민들의 불만을 최소화할 수 있나?'이다. 이런 것을 수학에서는 최적화라 하는데 사회 문제를 해결하기 위해 수학적 방법인 최적화를 이용할 수 있지만 매우 제한적이다. 그 이유는 '최적화'에 필요한 요인들이 많기도 하지만, 이들을 '어떻게 수량화할 것인가?'라는 문제가 간단하게 해결되는 것은 아니다.

앞에서 골판지를 이용하여 질량 중심을 구하는 방법은 엄밀하게 말하면 질량 중심을 구한 것이 아니라 무게 중심을 구한 것이다. 무게 중심은 앞의 질량 중심을 정의한 문장에서 '질량과 위치를 곱하여' 대신에 '무게와 위치를 곱하여'로, 그리고 '질량의 합' 대신에 '무게의 합'으로 바꾸면 된다. 다만 무게는 질량에 중력 가속도를 곱한 것인데 이 중력 가속도 값이 모든 입자에 대해 똑같다면 질량 중심과 무게 중심은 일치한다. 이 책에서 다루는 대부분은 모두 여기에 해당한다.

2. 질량 중심의 운동

이제 '입자로 취급한다'는 말의 뜻을 분명히 해야 할 때가 되었다. 어느 입자계를 구성하는 입자들이 운동하고 있다면 그 계의 질량 중심도 움직이고 있을 가능성이 매우 크다. 이때 질량 중심의 속도를 구할 수 있나? 가능하다. 질량 중심을 구할 때와 마찬가지로 개개 입자의 질량에 속도를 곱한 값들을 모두 더한 후 계의 총질량으로 나누면 바로 질량 중심의 속도가 된다. 이 말을 바꾸어 말하면, 이 계의 총 운동량은 『계의 총질량×질량 중심의 속도』가 된다. 수학을 아시는 분들은 속도가 위치의 시간 변화율이라는 사실로 이를 간단하게 이해할 수 있을 것이다. 그렇지 않은 분들을 위해 몇 가지 예를 들어 보자.

계를 이루는 모든 입자가 같은 속도로 등속 직선 운동하는 경우를 생각해 보자. 이때는 질량 중심의 속도가 개개 입자의 속도와 일치한다는 것은 쉽게 수긍할 것이다. 따라서 이 계의 총 운동량은 『계의 총질량×질량 중심의 속도』가 된다. 일반적으로는 위치의 변화가 생겼으므로, 짧은 시간 간격 동안 개개 입자의 『질량×변위』의 합이 『계의 총질량×질량 중심의 변위』와 같다는 것을 이해하면 된다.

『질량 중심의 변위』

=『나중 질량 중심』-『처음 질량 중심』

$$= \frac{\text{『질량×나중 위치』의 합}}{\text{계의 총질량}} - \frac{\text{『질량×처음 위치』의 합}}{\text{계의 총질량}}$$

$$= \frac{\text{『질량×나중 위치』의 합} - \text{『질량×처음 위치』의 합}}{\text{계의 총질량}}$$

$$= \frac{\text{『질량×(나중 위치 - 처음 위치)』의 합}}{\text{계의 총질량}}$$

$$= \frac{\text{『질량×변위』의 합}}{\text{계의 총질량}}$$

이것이 뜻하는 바가 무엇인가? 계를 구성하는 개개 입자들의 운동은 관심이 없고 전체를 뭉뚱그려 살펴보려 할 때 관심을 기울여야 하는 것이 바로 이 질량 중심이다. 계의 총 운동량은 마치 계의 모든 질량이 질량 중심에 모여 있는 하나의 입자로 생각하고, 이 질량 중심의 속도에 이 '입자'의 질량, 곧 총질량을 곱하면 된다는 뜻이다. 이와 같이 계의 질량이 질량 중심에 모여 있다고 가정하고 입자로 취급해 주는 것은 계에 작용하는 알짜힘을 생각하면 더 분명해진다. 질량 중심이 움직인다면 속도는 물론 가속도 역시 가질 수 있다. 질량 중심의 가속도는 어떻게 구할까? 계에 작용하는 알짜힘이 있다면, 그 알짜힘은 마치 계의 모든 질량이 질량 중심에 모여 있는 하나의 입자에 작용하는 것처럼 보인다는 것이다. 바꾸어 말하면 질량 중심의 가속도는 알짜힘을 계의 총질량으로 나누어 주면 구할 수 있다. 여기서 계를 구성하는 입자들의 서로작용은 전혀 고려하지 않는다. 이 서로작용들은 계의 질량 중심의 운동에 전혀 영향을 끼치지 못한다. 이들은 계 내부에서 서로 상쇄되기 때문이다. 이것이 바로 우주 유영하는 비행사들이 분사기 등의 도움 없이 원하는 방향으로 가속할 수 없는 이유이다. 우주에서는 아무리 발버둥을 쳐도 자신을 이루는 입자들의 서로작용만 있어 질량 중심의 운동에는 영향을 줄 수 없다.

3. 강체

입자들이 제멋대로 움직이는 계의 운동을 뭉뚱그려서라도 들여다보는 방법이 불가능하지는 않지만, 현실적으로 많은 어림 계산을 해야만 가능하다. 그나마 어림 계산을 한다는 말은 사실 매우 제한된 경우에만 가능하다는 말이다. 그런데 아주 특별한 경우 우리는 입자계를 하나의 물체로 취급하여 문제를 풀어낼 수 있다. 그리고 이런 경우가 매우 드문 것은 아니다. 그것은 바로 강체이다.

● **강체(剛體)**

1. 『물리』 힘을 가하여도 모양과 부피가 변하지 않는 가상적(假想的)인 물체. 이 물체 안에서 임의의 두 점 사이의 거리는 일정한 것으로 간주한다. 일반적으로는 외력에 의한 변형이 아주 적은 물체를 이르는 말이다.

불행히도 강체는 영어의 'rigid body'를 번역한 것인데 이에 대한 설명이 메리엄-웹스터 사전에는 없다. 표준국어대사전의 설명 항목의 두 번째 문장은 약간의 오해를 불러일으킬 수 있다. 엄밀하게 말하면 강체 역시 미시적인 입자들, 곧 원자나 분자들로 이루어져 있다. 이 입자 중 임의의 두 개를 선택하여 거리를 재면 어떤 상황에서도 같은 값을 내는 것이 강체이다. 첫 번째 문장에서 '가상적인' 물체라 하였는데, 물리학의 모든 모형이 그러하듯, 힘을 가하여도 부피와 모양이 변하지 않는 물체는 실제로 있을 수 없다. 그래서 마지막 문장에 '변형이 아주 적은 물체'라고 덧붙였다. 우리가 일반적으로 고체라 일컫는 물체들이 이에 해당한다. 물리학자들은 이 강체를 '모든 구성 입자들의 상대 위치들이 변하지 않는 물체'라고 고상하게 표현한다.

왜 물리학에서는 실제로 존재할 수 없는 강체를 다루어야 하나? 결론부터 말하면, 다른 물리학의 모형과 같이 강체의 운동을 이해하면 우리가 실제로 접하는 고체들의 운동을 매우 정확하게 알 수 있기 때문이다. 강체도 많은 입자로 이루어져 있으니 입자계의 하나이다. 그런데 일반적으로 입자계의 부피를 정하기는 애매한 경우가 많다. 더욱이 기체나 액체는 담는 그릇에 따라 모양을 바꾸기 때문에 모양을 특정하는 것은 거의 불가능할 경우가 많다. 그러나 강체는 우리가 일상생활에서 흔히 접하는 고체처럼 모양과 부피를 특정할 수 있다. 여기에서 우리가 관심을 가져야 하는 것은 부피이다. 지금까지 모든 입자와 물체들을 부피가 없는 점으로 취급했던 이유는 그들의 회전 운동을 무시하였기 때문이다. 그러나 강체를 다룰 때는 강체의 질량 중심의 병진 운동과 함께 회전 운동을 반드시 포함해서 살펴보아야 한다.

4. 회전

지금부터 우리는 강체의 질량 중심이 정지해 있고 단지 회전 운동만 있는 상황을 고려해 보자. 회전 운동을 기술하려면 강체 상의 고정된 한 점의 운동을 먼저 살펴보아야 한다. 이를 쉽게 나타내기 위해 우선 실에 매달려 원운동을 하는 돌멩이를 생각해 보자. 잠깐 동안 이 돌멩이를 입자로 취급하자. 얼핏 보아서 이 돌멩이는 2차원 운동을 하므로 그 위치를 나타내는 데 두 개의 숫자가 필요하다. 그러나 실제로 다시 들여다보면 1개의 숫자면 충분히 돌멩이의 위치를 파악할 수 있다. 왜냐하면, 원의 중심이 정지해 있다면 이 중심으로부터 돌멩이까지의 거리는 일정하다. 이때 원의 중심을 통과하는 직선을 긋고 돌멩이를 붙잡고 있는 실이 이 직선과 이루는 각도만 알면 돌멩이가 어디 있는지 알 수 있다. 이와 같이 원운동은 2차원 운동처럼 보이지만 수학적으로는 1차원 운동이다. 회전 운동에서는 바로 이 각도가 매우 중요하다. 회전하는 강체의 모든 구성 입자들은 회전축을 중심으로 원운동을 한다. 따라서 강체의 운동을 기술할 때도 역시 이 각도가 강체의 위치, 더 정확하게는 강체를 구성하는 입자들의 위치를 기술하는 데는 그 입자가 회전축으로부터 떨어진 거리와 각도를 알면 충분하다. 여기에서 매우 중요한 점은 모든 구성 입자들의 회전축과의 거리는 달라질 수 있지만, 각도는 하나면 충분하다. 회전축과 수직인 임의의 직선을 긋자. 이 직선을 x-축이라 하자. 강체의 특정한 점을 잡아 기준점으로 하여 이 기준점에서 회전축에 내린 수직선을 기준선이라 하자. x-축과 기준선이 이루는 각도만 알면 강체를 이루는 모든 입자들의 위치는 그 입자가 회전축으로부터 얼마나 떨어져 있는지만 알면 쉽게 알 수 있다. 왜냐하면 강체를 구성하는 입자들의 상대 위치가 변하지 않으므로, 어떤 임의의 입자와 회전축을 잇는 직선이 기준선과 이루는 각도는 변하지 않기 때문이다.

5. 각속도와 각가속도

기준선의 각도만 알면 강체의 위치를 알 수 있으므로 이 각도가 어떻게 변하는지 알면 강체의 운동, 정확하게는 회전 운동을 알 수 있다. 그렇다면 이 각도는 얼마나 빨리 변하는가? 그것을 나타내는 물리량이 각속도이다.

평균 각속도

회전하는 물체가 어떤 시간 동안 회전한 각도를 그 시간으로 나누어 준 값

이 정의는 어딘가 낯익지 않은가? 그렇다. 평균 속도가 바로 그것이다.

평균 속도	병진하는 물체에	어떤 시간 동안	일어난 변위를	그 시간으로 나누어 준 값
평균 각속도	회전하는 물체가	어떤 시간 동안	회전한 각도를	그 시간으로 나누어 준 값

이 각속도가 중요한 이유는 강체를 이루는 모든 입자들의 각속도는 다 같다는 것이다. 강체를 이루는 어떤 입자이든 같은 시간 간격 동안 돌아간 각도는 개개 입자들의 위치에 상관없이 모두 같다. 따라서 각속도 역시 모든 입자들이 같은 값을 갖는다. 다만 입자들의 선속력[2]은 그 입자의 회전축으로부터의 거리에 의해 결정된다. 회전 운동하는 강체의 구성 입자는 원운동을 하므로 주어진 시간 동안 움직인 궤적은 호이다. 이 호의 길이를 회전축까지의 거리로 나누어 주면 각도가 나오므로, 선속력은 『$\frac{\text{호의 길이}}{\text{걸린 시간}}$』 또는 『회전축까지의 거리×각속도』이다.

각가속도는 속도와 가속도의 관계를 생각해보면 바로 알 수 있다. 각속도 역시 시간에 따라 변할 수 있는데 이 각속도가 얼마나 빨리 변하는가를 가늠하게 해주는 것이 각가속도이다. 각가속도에 대해서도 똑같은 방식으로 설명할 수 있다. 가속도의 정의에서 '속도의 변화' 대신에 '각속도의

2 영어로는 linear speed. 회전 운동에서 각속도와 구분하기 위해 잠시 쓰이는 쓰임말이다. 앞에서 말한 속력을 떠올리면 된다.

변화'로 바꾸면 각가속도를 나타내는 것이다.

6. 관성 모멘트

우리는 뉴턴의 제1 운동 법칙에 대해 알아볼 때 물체의 움직임과 힘은 직접 연관되어 있지 않고, 병진 운동하는 물체의 운동 상태를 변화시키려 하면 그 물체는 변화에 저항하며, 이 저항하는 성질을 관성이라 하고, 관성의 크기를 나타내는 물리량이 질량이라 하였다. 똑같은 이야기를 회전하는 물체에 적용할 수는 없을까? 가능하다. 회전 운동하는 물체의 회전 상태를 변화시키려 하면 그 물체는 변화에 저항하며, 이 저항하는 성질을 회전 관성이라 하고, 회전 관성의 크기를 나타내는 물리량이 관성 모멘트이다. 이것을 표로 만들어 보자.

병진 운동	회전 운동
물체의 움직임과 힘은 무관함	물체의 회전과 돌림힘은 무관함
병진 운동 상태의 변화에 저항하는 성질: 관성	회전 상태의 변화에 저항하는 성질: 회전 관성
관성의 크기: 질량	회전 관성의 크기: 관성 모멘트

돌림힘은 뒤에서 설명하니 여기서는 관성 모멘트에 대해 알아보자. 앞선 설명이나 표가 가지는 중요한 뜻은 병진 운동에서 질량이 하는 역할을 회전 운동에서는 관성 모멘트가 담당한다는 것이다.

- **관성 모멘트(慣性moment)**

  1. 『물리』 물체의 회전 운동에 대한 관성의 크기를 나타내는 양. 회전축에 대한 물체의 질량 분포에 따라 정해진다. 관성 모멘트가 클수록 회전 운동에 변화가 일어나기 어렵다. ≒관성 능률.

- **moment of inertia**

  1. a measure of the resistance of a body to angular acceleration about a given axis that is equal to the sum of the products of each element of mass in the body and the square of the element's distance from the axis

관성 모멘트는 과거에 '관성 능률'이라 불렸는데 '능률'이라는 단어가 오해를 불러일으킬 뿐만 아니라,[3] 회전과 관련되어 있다고 보기 어려운 낱말이다. 영어로 된 물리학 쓰임말에 'moment'라는 낱말이 들어가면 모두 회전과 관련되어 있다. 메리엄-웹스터 사전의 'moment'에 대한 설명을 보자.

- **moment**

  1. a) a minute portion or point of time : INSTANT

     b) a comparatively brief period of time
  2. a) present time

     b) a time of excellence or conspicuousness
  3. importance in influence or effect decisions of moment must be made by our government
  4. obsolete : a cause or motive of action

3 능률에 해당하는 영어 낱말은 'efficiency'이다. 회전과 관련 있는 'moment'와 능률에 해당하는 'efficiency' 사이의 거리감은 가히 우주적이다. 오죽하면 초기에 이렇게 잘못 번역한 일본에서조차 이제는 moment를 능률(能率)이라 하지 않고 소리 나는 대로 '모멘토(モメント)'라 한다.

5. a stage in historical or logical development
6. a) tendency or measure of tendency to produce motion especially about a point or axis
   b) the product of quantity (such as a force) and the distance to a particular axis or point
7. a) the mean of the nth powers of the deviations of the observed values in a set of statistical data from a fixed value
   b) the expected value of a power of the deviation of a random variable from a fixed value

영어에서도 과거에는 설명 항목 4번과 같이 '움직임의 원인'이라는 개념으로 사용된 적도 있지만, 혼란을 피하려고 이제는 쓰지 않는다. 우리가 관심을 기울여야 할 설명 항목은 6번, 특히 6.b)이다. 6.a) 항목은 '특별히 어떤 점이나 축에 대해 운동을 일으키는 경향 또는 경향의 크기'라 하여 'moment'의 뜻을 설명하였다면 물리학에서 구체적으로 쓰기 위해서는 6.b)처럼 수량화시키는 것이 필요하다. 이때 '어떤 점이나 축까지의 거리'라 하였는데 여기서 축이란 무엇인가? 바로 회전축을 가리킨다. 선풍기의 회전하는 날개를 보자. 선풍기 머리가 좌우로 회전하지 않는다면 우리는 회전하는 선풍기 날개에서 움직이지 않는 점들의 집합을 찾아낼 수 있다. 이 점들의 집합은 직선을 이루는데 바로 날개의 중심을 통과하고 날개 회전면에 수직하다는 것을 알 수 있다. 이 축을 회전축이라 한다. 회전 운동을 들여다볼 때는 이 회전축을 바르게 찾아내는 것이 중요하다.

집게손가락과 가운뎃손가락을 곧게 펴서 그 사이에 연필의 중간을 끼우고 두 손가락을 비비듯이 움직여 보자. 연필이 두 부채꼴이 꼭지점을 맞댄 것과 같은 모양으로 회전 운동을 할 것이다. 이때 회전 운동을 시키기 어려운 정도를 기억해 놓자. 다음으로는 연필의 한쪽 끄트머리를 잡고 같은 운동을 시켜 보자. 이제 연필은 부채꼴 모양을 그리며 회전할 것이다. 어느 경우가 빠르게 회전시키기 어려운가? 연필의 한쪽 끄트머리를 잡고 회전 운동을 시키는 것이 더 어렵다는 것을 쉽게 알 수 있다. 같은 물체라도 어느 축을 중심으로 회전시키느냐에 따라 회전시키기 어려운 정도가 결정된다.

바로 이 '회전시키기 어려운 정도'를 가늠하게 해주는 물리량이 관성 모멘트이다. 관성 모멘트를 수량적으로 이해하기 위해서 다시 입자계를 생각해 보는 것이 편리하다. 이 입자계를 구성하는 모든 입자들이 어느 직선을 중심으로 모두 원운동을 하는데 각속도가 일정하다고 하자. 그러면 입자들의 상대 위치는 변하지 않으므로 강체와 수학적으로는 같은 셈이다. 이 상태에서 이 입자계의 관성 모멘트를 구하면 『(입자의 질량×회전축까지의 거리의 제곱)의 합』이 된다. 이것을 강체에 적용하려면 적분이라는 수학적 방법이 동원되어야 하는데, 이 책의 수준을 넘어서는 것이다. 다만 특별한 기하학적 모양을 가지고 있고 질량이 고르게 분포해 있는 물체의 관성 모멘트를 몇 개 나열해 보았다.

물체	회전축	관성 모멘트
원운동하는 입자	중심을 통과하고 원에 수직한 축	질량×반지름의 제곱
가는 막대	중심을 통과하고 막대에 수직한 축	질량×막대 길이의 제곱 × $\frac{1}{12}$
가는 막대	끄트머리를 통과하고 막대에 수직한 축	질량×막대 길이의 제곱 × $\frac{1}{3}$
원형 고리	중심을 통과하고 원에 수직한 축	질량×반지름의 제곱
원판	중심을 통과하고 원에 수직한 축	질량×반지름의 제곱 × $\frac{1}{2}$
원판	지름을 통과하는 축	질량×반지름의 제곱 × $\frac{1}{4}$

물체	회전축	관성 모멘트
원통	원통의 중심축	질량×반지름의 제곱 × $\frac{1}{2}$
속이 빈 구	중심을 통과하는 축	질량×반지름의 제곱 × $\frac{2}{5}$
속이 꽉찬 구	중심을 통과하는 축	질량×반지름의 제곱 × $\frac{3}{5}$

여러분은 지금 물리학 시험을 치르는 것이 아니므로 이런 복잡한 식들을 외울 필요는 없다. 여기서는 왜 관성 모멘트가 반지름 또는 회전축과의 거리 등 어떤 거리의 '제곱'에 비례하는지 직관적으로 이해하는 것이 필요하다. 회전 관성 역시 관성, 곧 변화에 저항하는 성질이므로 질량에 비례할 것이라는 것은 쉽게 이해가 된다. 그러나 왜 거리의 '제곱'에 비례하는가? 이 문제는 나중에 돌림힘과 각운동량을 다루면서 다시 설명하기로 하자.

7. 돌림힘

- **돌림힘**

  1. 『물리』 주어진 회전축을 중심으로 회전시키는 능력. 회전축에서 힘의 작용점까지의 거리와 회전축과 작용점을 잇는 직선에 수직인 힘의 성분과의 곱을 이른다. ≒토크.

- **torque**

  1. a force that produces or tends to produce rotation or torsion

     also: a measure of the effectiveness of such a force that consists of the product of the force and the perpendicular distance from the line of action of the force to the axis of rotation

  2. a turning or twisting force

병진 운동의 힘에 상응하는 회전 운동의 물리량이 돌림힘이다. 흔히 토크(torque)라고 알고 있으나 한국물리학회의 공식적인 쓰임말은 돌림힘이다. 과거에 영어로는 'moment of force'라고 하여 우리말로 '힘의 능률'이라 한 적도 있으나 지금은 쓰고 있지 않다. 일상생활에서 우리는 이 돌림힘의 역할에 대해 잘 알고 있다. 빽빽하여 잘 돌아가지 않는 나사가 있다면 나사를 돌려 빼는 손잡이가 두꺼운 나사돌리개를 사용하면 잘 돌릴 수 있다. 같은 힘을 주더라도 반지름이 커지면 나사를 돌리는 데 더 효과적이다. 여닫이 문을 여닫을 때 같은 힘을 주더라도 힘을 주는 위치가 경첩에서 멀수록 여닫기가 쉽다. 회전 운동의 변화를 주는 데 효과적인 것은 주는 힘을 크게 하거나 작용점과 회전축 사이의 거리를 멀게 해야 한다. 이를 나타내는 물리량인 돌림힘은 '회전축에서 힘의 작용점까지의 거리와 회전축과 작용점을 잇는 직선에 수직인 힘의 성분과의 곱(표준국어대사전)' 또는 '힘의 작용선으로부터 회전축까지의 수직거리와 힘의 곱(메리엄-웹스터 사전)'으로 같은 내용을 서술하고 있다.

병진 운동의 힘에 해당하는 회전 운동의 물리량이 돌림힘이므로 병진 운동에 대한 뉴턴의 제2 운동 법칙을 다시 써 보면, 다음과 같다.

> 어떤 물체에 알짜힘이 작용하면 그 알짜힘에 비례하고 질량에 반비례하는 가속도가 생긴다.

회전 운동에 대한 뉴턴의 제2 운동 법칙을 다시 써 보면 아래와 같다.

> 회전하는 물체에 알짜 돌림힘이 작용하면 그 알짜 돌림힘에 비례하고 관성 모멘트에 반비례하는 각가속도가 생긴다.

8. 각운동량

앞에서 운동하는 물체를 정지시키기 어려운 정도를 나타내는 물리량을 운동량이라 하였다. 병진 운동의 운동량에 상응하는 회전 운동의 물리량이 각운동량이다. 따라서 각운동량은 회전 운동하는 물체의 회전을 멈추기 어려운 정도를 나타낸다. 각운동량은 수량적으로 어떻게 표현될까? 매우 쉽다. 관성을 나타내는 질량과 빠르기를 나타내는 속도를 곱한 값인 운동량을 생각해 보면 된다. 다음의 관계를 생각해 보자.

병진 운동	회전 운동
관성	회전 관성
질량	관성 모멘트
속도	각속도
운동량=『질량×속도』	각운동량=『관성 모멘트×각속도』

이와 같은 대응관계를 이용하면 각운동량이 『관성 모멘트×각속도』라는 것을 쉽사리 알 수 있다. 그러나 우리는 여기서 보다 구체적으로 각운동량이 무엇인지 알아보자. 다시 원운동하는 줄에 매단 돌멩이를 생각해 보자. 이 입자의 운동을 곡선 궤도를 따라 움직이는 병진 운동으로 보면 운동량은 『질량×속도』이다. 그런데 우리는 줄의 길이가 늘어나면 회전 운동을 시키기가 짧을 때보다 어렵다는 것을 잘 안다. 여기서 각운동량을 이 돌멩이가 가지고 있는 운동량에 회전 반지름을 곱한 값으로 정의하면, 이 돌멩이의 관성 모멘트는 『질량×반지름의 제곱』이고 각속도는 『속도÷반지름』이니, 각운동량이 『관성 모멘트×각속도』라는 것을 알 수 있다.

병진 운동의 경우 운동량 보존 법칙은,

고립된 계의 운동량은 보존된다.

인데, 마찬가지로 각운동량에 대해서도

고립된 계의 각운동량은 보존된다.

로 쓸 수 있다. 두 법칙 모두 고립된 계를 다루지만 약간씩 다르다. 병진 운동에서 말하는 고립된 계는 외부로부터 힘을 받지 않는 계를 말하지만, 회전 운동에서 말하는 고립된 계는 외부로부터 돌림힘을 받지 않는 계를 말한다. 계를 이루는 입자들이 외부와 서로작용하지 않으면 되기 때문에 외부로부터 힘을 받지 않는 계는 쉽게 이해가 된다. 그러나 외부로부터 돌림힘을 받지 않는 계를 이해하는 데는 약간의 어려움이 있다. 여기서 외부로부터 돌림힘을 받지 않는다고 했지, 힘을 받지 않는다고는 하지 않았다. 바꾸어 말하면 계를 이루는 입자들이 외부로부터 힘을 받고는 있지만 돌림힘이 없을 수도 있다는 것인가? 뒤에 나오지만 그럴 수도 있다.

원운동하는 돌멩이를 보자. 속력이 변하지 않으므로 각속도가 일정하고, 회전축이 변하지 않는다면 관성 모멘트 역시 일정하다. 따라서 각운동량도 일정하다. 이 돌멩이의 한 점을 들여다보자. 분명히 이 점은 원운동을 하고 있으므로 구심력이 작용하고 있지만, 회전축, 곧 원의 중심과 힘의 작용점을 잇는 직선, 곧 반지름이 힘의 방향과 같으므로 이 구심력은 돌림힘을 만들지 못한다. 각운동량이 보존되는 전형적인 예이다. 운동량 보존 법칙은 입자계에 적용해야 하지만, 각운동량 보존 법칙은 입자계뿐만 아니라 하나의 강체에도 적용할 수 있다.

9. 부피를 무시할 수 없는 물체의 운동

구르는 바퀴를 생각해 보자. 만일 이 바퀴가 직선을 따라 굴러가고 있다면 바퀴의 중심은 직선 운동을 할 것이다. 그러나 그 외의 점들은 '트로코이드(trochoid)'라 불리는 곡선을 그린다. 이 바퀴의 운동은 바퀴의 중심이 하는 병진 운동과 바퀴의 중심을 통과하고 바퀴에 수직한 축을 회전축으로 하는 회전 운동으로 나누어 생각하면 편리하다. 바꾸어 말하면 회전축이 정지해 있지 않고 움직인다는 것이다. 이때 바퀴가 갖는 운동 에너지는 병진 운동에 의한 운동 에너지, 곧 『$\frac{1}{2}$×질량×속력의 제곱』이고 회전 운동이 갖는 운동 에너지, 곧 『$\frac{1}{2}$×관성 모멘트×각속도의 제곱』이 된다.

10. 비김

- **평형(平衡)**
  1. 사물이 한쪽으로 기울지 않고 안정해 있음.
  2. 몸을 굽혀 머리와 허리가 저울대처럼 바르게 하는 절.
  3. 저울대가 수평을 이루고 있음.
  4. 『물리』 물체 사이에 서로작용하는 힘과 회전력이 서로 비기어 크기가 전혀 없음. 또는 그런 상태.

- **equilibrium**
  1. a) a state of intellectual or emotional balance : POISE trying to recover his equilib- rium

     b) a state of adjustment between opposing or divergent influences or elements

2. a state of balance between opposing forces or actions that is either static (as in a body acted on by forces whose resultant is zero) or dynamic (as in a reversible chemical reaction when the rates of reaction in both directions are equal)
3. BALANCE : an aesthetically pleasing integration of elements

한국물리학회에서는 흔히 '평형'이라 알려진 쓰임말을 '비김'이라는 우리말로 쓸 것을 권장한다. 아마도 이미 익숙해진 '평형'이라는 쓰임말을 굳이 '비김'으로 바꾸어 부르기에 주저하시는 분들도 많을 것이다. 그러나 나에게는 비김이 평형보다 그 뜻이 바로 전달되어 훨씬 좋다. 더욱이 지금 자라나는 어린이나 젊은 세대에게는 아름다운 순우리말 쓰임말이 널리 쓰였으면 하는 바람도 있다.

표준국어대사전에서 물리학에서 쓰이는 비김을 설명한 항목(항목 4)은 매우 잘못되어 무슨 말인지 알 수가 없다. 그나마 메리엄-웹스터 사전의 설명이 그런대로 물리학에서 말하는 비김에 가깝다. 비김은 편의상 두 가지 경우로 나누어 설명하겠지만, 사실 이러한 구분은 중요한 것이 아님을 알게 된다.

부피를 무시할 수 있는 물체, 또는 입자가 비김 상태에 있다고 하면 그 물체나 입자에 작용하는 알짜힘이 없다는 것이다. 알짜힘이 없으니 물체는 등속 직선 운동을 하거나 정지해 있다. 물체의 부피를 무시할 수 없다면, 비김 상태에 있는 물체에는 알짜힘과 알짜 돌림힘이 모두 작용하지 않는다. 우리는 앞에서 부피를 가지는 물체의 운동은 질량 중심의 병진 운동과 질량 중심을 통과하는 축을 중심으로 한 회전 운동으로 나누어 생각할 수 있다고 하였다. 이때 알짜힘이 없으면 질량 중심은 등속 직선 운동을 하거나 정지해 있고, 알짜 돌림힘이 없으면 질량 중심을 통과하는 축을 중심으로 한 회전 운동의 각속도가 일정하다. 사실 물체의 부피가 없으면 돌림힘을 정의할 수 없으니 앞에서 한 것처럼 부피에 대해 두 경우를 나누어 생각하는 것은 별로 의미가 없다. 물체가 비김 상태에 있는 경우를 네 가지로 나누어 생각해 보자.

1. 질량 중심이 정지해 있고, 회전이 없다.
2. 질량 중심은 정지해 있으면서, 일정한 각속도로 회전 운동한다.
3. 질량 중심이 등속 직선 운동을 하고, 회전이 없다.
4. 질량 중심이 등속 직선 운동을 하면서 일정한 각속도로 회전 운동한다.

이 네 경우들 중 건축공학 또는 토목공학의 기초가 되는 이론을 제공하는 비김 상태가 바로 첫 번째 경우이다. 건물을 세우거나 다리를 놓을 때 건물 또는 다리는 움직이지 않고 한곳에 정지해 있고 돌지도 않아야 한다. 따라서 조금 과장되게 말하면 건축공학이나 토목공학의 기초가 되는 이론은 『알짜힘=0』과 『알짜 돌림힘=0』이면 완벽하다.

여기서 우리는 이런 질문을 던질 수 있다. 『알짜힘=0』인데 『알짜 돌림힘≠0』이거나, 또는 그 반대의 경우가 가능한가? 『알짜힘≠0』인데 『알짜 돌림힘=0』인 경우는 부피를 무시할 수 있는 물체의 경우이거나, 부피를 무시할 수 없다면 알짜힘의 작용점이 질량 중심에 있고 알짜힘의 방향이 질량 중심의 운동 방향과 늘 같은 경우에 해당한다.

그렇다면 『알짜힘=0』인데 『알짜 돌림힘≠0』은 어떤가? 과연 알짜힘이 없는데 어떻게 알짜 돌림힘이 생길 수 있겠는가? 흔히 드라이버라고 불리는 나사돌리개를 보자. 십자나사돌리개를 나사의 십자 홈에 밀어넣고 돌리는 경우 나사돌리개에 두 개의 힘을 준다. 이 두 개의 힘은 크기는 같고 방향은 반대이다. 따라서 알짜힘은 0이 되지만, 두 힘의 작용점들은 나사돌리개의 중심축에서 벗어나 손잡이 가장자리에 있으며 축을 중심으로 마주보고 있다. 따라서 각각의 돌림힘의 크기는 『힘×손잡이의 반지름』이고 같은 방향으로 작용한다. 따라서 알짜 돌림힘은 『2×힘×손잡이의 반지름≠0』이다. 이런 힘을 짝힘[4]이라 한다. 짝힘이 바로 알짜힘은 0이지만 알짜 돌림힘이 0이 아닌 가장 대표적인 경우이다.

11. 안전

우리나라에서 일어난 안전사고 중 굵직한 사건만 나열해도 삼풍백화점 붕괴, 성수대교 붕괴, 세월호 침몰 등 이루 헤아릴 수 없이 많다. 이러한 공사현장이나 생활 현장에서 일어나는 안전사고는 거의 모든 경우 바로 이 비김에 대한 이해가 부족하였거나, "요 정도 벗어나는 것쯤이야 비김 상태를 벗어나게 하지는 않을 것이야." 하고 안이하게 생각하기 때문이다. 유명한 영국 런던의 이층 버스의 안전 기준은 이러하다. 1층은 운전기사와 차장만 남고 2층은 승객으로 만원을 이룬 상태에서 차를 28° 기울여도 넘어지지 않아야 한다. 이 내용은 내가 실제로 물리학 강의를 할 때 물체가 넘어지는 이유를 설명하며 예로 드는 것인데, 세월호 침몰 사고 이후로는 이 부분을 강의할 때마다 목이 메는 것을 참기 어려웠다. 영국의 안전에 대한 감수성

4 예전에는 한자어로 우력(偶力), 또는 영어로 'couple of forces'라 불렀다.

이 너무도 부러웠다. 선진국은 달랐기 때문이다.

이 책을 쓰고 있는 동안 유엔 무역 개발 회의는 우리나라의 지위를 개발도상국에서 선진국 그룹으로 변경했다며 좋아하는 것을 보면서 "미안하네만, 아직 멀~었네."라고 말할 수밖에 없는 현실이 매우 불편하였다. 런던의 이층 버스에 적용하는 안전 기준은 내가 보기에도 매우 가혹해 보였다. 만일 우리나라에서 이런 기준을 적용하려고 시도하면 자동차 제조회사뿐만 아니라 버스회사들도 가만히 있지 않을 것이다. 왜냐하면 안전 기준을 충족시키려면 차를 매우 무겁게 만들어야 하고, 무거운 차를 운행하려면 연료 소비가 커진다. 모두 돈과 연관되어 있다. 그래서 기업체 입장에서 보면 적발되지만 않는다면 안전 기준은 지키고 싶지 않다. 그렇다면 무엇이 선진국과 그렇지 못한 나라를 갈라놓는가? 바로 안전 기준을 어겨 사고가 발생하였을 경우 처벌 수위가 우리나라와는 비교할 수 없을 정도로 가혹하다. 또한 '징벌적 벌금' 또는 '징벌적 손해 배상' 제도가 있어 안전 기준을 어겨 얻은 경제적 이득보다 훨씬 더 큰 경제적 부담을 지움으로써 안전 기준을 어길 시도를 아예 못하게 하기 때문이다. 내 생각에는 이것이 바로 선진국과 그렇지 못한 나라를 갈라놓는 중요한 기준이라 생각한다. 우리나라가 경제적으로는 선진국 대열에 합류하였을 수는 있으나 다른 부분에서 선진국과 같은 수준에 도달하려면 아직 갈 길이 멀다고 생각한다.

7장

중력

- **중력(重力)**

1. 『물리』 지구 위의 물체가 지구로부터 받는 힘. 지구와 물체 사이의 만유인력과 지구의 자전에 따른 물체의 구심력을 합한 힘으로, 그 크기는 지구 위의 장소에 따라 다소 차이가 나며, 적도 부근이 가장 작다.
2. 『물리』 질량을 가지고 있는 모든 물체가 서로 잡아당기는 힘. =만유인력.

- **gravity**

1. a) dignity or sobriety of bearing
   b) IMPORTANCE, SIGNIFICANCE especially : SERIOUSNESS
   c) a serious situation or problem
2. WEIGHT
3. a) i. the gravitational attraction of the mass of the earth, the moon, or a planet for bodies at or near its surface
   ii. a fundamental physical force that is responsible for interactions which occur be- cause of mass between particles, between aggregations of matter (such as stars and planets), and between particles (such as photons) and aggregations of mat- ter, that is 10-39 times the strength of the strong force, and that extends over infinite distances but is dominant over macroscopic distances especially between aggregations of matter — called also gravitation, gravitational force
   b) ACCELERATION OF GRAVITY
   c) SPECIFIC GRAVITY

중력에 대한 표준국어대사전의 설명 항목 1은 매우 부적절한 설명이다. 마치 만유인력과 지구의 중력은 다른 것처럼 다루었는데 이는 매우 잘못된 것이다. 아마도 지구 표면에서 흔히 중력이라고 느끼는 것은 실제로 지구가 끌어당기는 힘, 중력에다 자전에 의한 원심력이 더해진 결과라는 것을 뜻하는 것 같은데, '겉보기 중력'이라고 부르는 것이 더 옳다.

1. 중력의 발견?

뉴턴을 가리켜 중력을 발견한 사람이라 한다. 그러나 물리학적 관점에서 보면 이 말은 틀린 말이다. 왜냐하면 중력은 발견될 수 있는 개념이 아니다. 엄밀하게 말하면 뉴턴은 중력을 '발견'한 사람이 아니라 중력 모형을 **완성한** 사람이다. 여기서 '완성했다'는 뜻은, 뉴턴이 홀로 중력 모형을 제안하고 완성하였다는 것이 아니라, 이미 당시에 여러 물리학자들의 노력으로 어느 정도 윤곽이 잡혀가던 중력 모형을 최종적으로 마무리하였다는 것이다. 우리가 흔히 알고 있는 것처럼, 부처님이 보리수 아래에서 득도하였듯이, 뉴턴도 사과나무 아래에 앉아 있다가 떨어지는 사과를 바라보면서 문득 "중력 때문에 저 사과가 떨어지는 거야!" 하고 깨달으면서 중력을 '발견'한 것이 아니라는 것이다. 뉴턴 당시에도 이미 물리학자들 사이에서는 질량을 가진 물체들 사이에는 끌힘이 작용하는데 이를 중력이라고 부르고 있었다. 그러나 아직 수학적으로 이 중력 모형을 완결짓지는 못하고 있었는데, 바로 이 부분을 뉴턴이 해결하였다는 것이다.

필자는 중력을 강의하는 첫 시간에 학생들 앞에서 책상에 놓인 지우개를 집어 들고 높이 올린 상태에서 그대로 떨어뜨리며 묻는다. "이 지우개는 왜 떨어지지요?" 하면 거의 즉시 다음과 같은 대답이 돌아온다.

"중력이 작용하고 있기 때문입니다."

그러면 그렇게 대답한 학생에게 묻는다.

"중력을 본 적이 있나요?"

그러면 그 학생뿐만 아니라 다른 학생들도 눈이 동그래지며 '이게 무슨 소리야?'라는 표정을 짓는다. 당연히 눈에 보이지 않는 중력을 보았냐고 물으니 그럴 수밖에 없다. 계속하여 묻는다.

"중력의 소리를 들어 본 사람이 있나요?"

당연히 없다. 또 묻는다.

"중력을 맛본 사람이 있나요?"

당연히 없다. 또 묻는다.

"중력을 만져 본 사람이 있나요?"

당연히 없다. 또 묻는다.

"중력의 냄새를 맡아본 사람이 있나요?"

당연히 없다. 또 묻는다.

"볼 수도, 들을 수도, 맛볼 수도, 만져 볼 수도, 냄새도 없는 중력 때문에 이 지우개가 떨어진다는 것을 우리는 어떻게 알 수 있나요?"

사실 물리학자들은 중력이 존재하는지, 심지어는 중력이 무엇인지 잘 모른다. 다만 한 가지 확실한 것이 있다. 지우개를 공중에서 놓으면 아래로 떨어진다. 그래서 묻는다.

"왜 굳이 아래로 떨어지지?"

"왜 위로는 스스로 올라가지 못하지?"

이와 같은 '왜?'라는 질문에 답하기 위해 물리학자들은 이렇게 말한다.

"그것은 중력 때문이야."

그러면 자연스럽게 나오는 질문이

"중력이 뭔데?"

그러면 물리학자는 이렇게 답한다.

"중력은 질량을 가진 물체들 사이의 끌힘인데, 지구와 지우개 사이에 중력이 작용하여 서로 끌어당기므로 거리가 가까워지는 거야. 그런데 우리가 지구에 대해 정지해 있어서 마치 지우개가 지구 중심을 향해 떨어지는 것처럼 관찰되는 것이지."

그러면 다음으로 "왜 질량을 가진 물체 사이에는 중력이 작용하는 거야?" 또는 "왜 중력은 끌힘밖에 없는 거야?" 등등의 질문이 쏟아져 나온다. 이런 질문들에 대해 물리학자는 아무런 대답을 할 수 없다. "그건 아무도 몰라."라든가, 검지손가락으로 하늘을 가리키며 "저 분밖에는 몰라."라고 답할 수밖에 없다. 바로 이 지점이 물리학자들에게는 '왜?'라는 질문의 마지막이다. 이후는 더 이상 물리학의 문제가 아니라 철학 또는 종교의 문제가 된다. 물리학자들은 그저 일어난 현상을 그럴듯하게 설명할 뿐이다. 여기서 '그럴듯하게'라는 낱말의 뜻이 무엇인가? 이 지점을 지나면 물리학자는 더 이상 '왜?'라는 질문을 하지 않고, 이제는 질문을 바꾸어 '어떻게?' 또는 '얼마나?'라고 묻는다. 지우개가 떨어지기는 하는데, 그것이 '왜' 떨어지는지 모르겠으니, 그냥 중력이라는 게 있다고 **믿고**, 이 중력이 지우개를 떨어뜨리는 '원인'이라고 '믿고' 이제부터는 더 이상 '왜?'라는 질문은 하지 말기로 한다. 그리고 이제 질문을 바꾸어 지우개가 중력 때문에 떨어지기는 하는데, 중력의 어떤 특성 때문에 '어떻게' 떨어지는가? 점점 빨라지는가? 그렇다면 '얼마나' 빨라지는가? 등등의 질문이 그다음을 잇는다. 그런데 엄밀하게 말하면 바로 이러한 질문에 답하는 것이 물리학의 역할이다.

앞에서도 예로 들었듯, 공중에서 가만히 떨어뜨린 지우개가 일정 시간 동안 떨어진 거리는 떨어지는 데 걸린 시간의 제곱에 비례한다는 사실은 실험적으로 이미 입증이 되었다. 그렇다면 이론적으로 그렇게 되는 이유를 설명하는 것이 물리학자 몫이다. 중력 모형이란 이론적 설명이 그럴듯하게 들리도록 정교하게 만들어져야 한다. 실제로 뉴턴이 완성한 중력 모형은 대단히 넓은 범위의 현상들에 대해 매우 성공적으로 설명하여 그 타당성이 입증된 매우 정교한 모형이다.

2. 뉴턴의 중력 모형

뉴턴이 완성한 중력 모형을 설명하면 다음과 같다.

> 질량을 가진 모든 입자들 사이에는 중력이라 불리는 끌힘이 작용하는데,
> 1. 이 끌힘의 크기는 두 입자의 질량의 곱에 비례한다.
> 2. 이 끌힘의 크기는 두 입자 사이의 거리의 제곱에 반비례한다.
> 3. 이 끌힘의 방향 두 입자를 잇는 직선 방향이다.

물리학자들은 중력 모형을 이렇게 말로 풀어써 놓으면 약간 불안해 한다. 그래서 이 중력 모형을 다음의 수식으로 표현하고는 안심한다.

$$F = -G\frac{m_1 m_2}{{r_{12}}^2}\hat{r}_{12}$$

이 수식의 뜻을 몰라도 이 책을 읽어 내려가는 데 아무런 문제가 없다. 다만, 위에 말로 풀어서 설명한 것을 듣고 이 수식을 만들어낼 줄 알면 물리학에서 말하는 국어를 잘한다는 것이다. 그 반대도 마찬가지이다.

3. 중력과 질량

앞에서 우리는 질량을 가리켜 물체가 갖는 관성의 크기를 나타내는 양이라 하였다. 이때의 질량을 '관성 질량'이라 한다. 질량의 또 다른 성질은 그것이 중력을 일으키는 원인이라는 것이다. 이 말을 더 정확히 알려면 우선 우주에 존재하는 네 가지의 서로작용에 대해 알아야 하는데, 여기서는 간략히 소개하는 정도로도 충분하다.

- **기본 서로작용(fundamental interactions)**
  1. 중력(gravitational interaction): 질량을 가진 입자들 사이의 서로작용
  2. 전자기력(electromagnetic interaction): 전하를 띤 입자들 사이의 서로작용
  3. 약력(weak interaction): 원자핵의 분열 과정에서 나타나는 서로작용
  4. 강력(strong interaction): 원자핵을 구성하는 핵자들 사이의 서로작용

마지막 두 서로작용은 원자핵 안에서 벌어지는 현상에 적용되므로 작용 범위가 매우 좁다. 그러나 전자기력과 중력은 매우 먼 거리까지 작용하며 특히 중력은 우주의 천체들 운동을 결정할 정도로 넓은 범위에 걸쳐 작용하지만 그 크기는 매우 작다. 만약 중력의 크기를 '1'이라 하면, 전자기력은 10^{36}, 약력은 10^{25}, 강력은 10^{38} 정도가 된다.

아인슈타인은 상대성 이론을 완성한 후 이 네 개의 서로작용에 대해 연구하기 시작했다. 이 네 개의 기본 서로작용에 대해 우리는 두 가지 물음을 던질 수 있다. 하나는 '왜 기본 서로작용이 네 개밖에 없나?'라는 물음이다. 다섯 개, 여섯 개는 될 수 없을까? 다른 하나는 '왜 여러 개의 기본작용이 필요한가? 기본이라면 하나로 충분하지 않은가?'이다.

물리학자들은 아직 이 질문에 명쾌한 답을 가지고 있지 않다. 아인슈타인은 후자에 관심을 가지고 이 네 개의 서로작용을 하나로 통일시키려 하였으나 성공하지는 못했다. 다만, 약력과 전자기력은 같은 뿌리에서 나온 것으로 밝혀졌다. 이 공로로 1979년에 압두스 살람(A. Salam), 스티븐 와인버그(S. Weinberg), 셸던 리 글래쇼(S. Glashow)는 노벨물리학상을 수상했다. 사실 이들의 업적의 기초가 되는 게이지 이론은 이휘소 박사님에 의해 만들어진 것인데, 불행히도 이 박사님은 1977년에 작고하시어 노벨상을 받지는 못하였다. 이외에도 이휘소 박사님의 업적은 대단한데, 2004년 노벨물리학상을 수상한 데이비드 폴리처(D. Politzer)는 수상 연설에서 이휘소 박사님 생존 당시의 입자물리학은 거의 모든 분야에서 이 박사님의 영향을 받은 것이라고 말했을 정도이다.

〈오징어게임〉이라는 드라마 때문에 유명해진 노랫말인 '무궁화꽃이 피었습니다'를 제목으로 한 소설이 있는데, 이 소설의 주인공이 바로 이휘소 박사님을 모델로 삼은 것이다. 소설이기에 주인공이 미국에서 밀반입한 수소 폭탄 설계도를 기초로 우리나라가 수소 폭탄을 만든다는 내용은 당연히 허구이지만, 이휘소 박사님이 미국의 수소 폭탄 개발에 직접 참여하지는 않았으나 개발 과정에서 문제가 생겼을 때 이론적 조언을 하셨던 것은 사실이다. 미국의 수소 폭탄 개발에 주도적인 역할을 맡았던 페르미 연구소의 이론물리부장이셨기 때문이다. 다만 소설에서는 이휘소 박사님이 수소 폭탄 설계도를 훔쳐오는 것으로 되어 있지만, 이론 물리학자이기 때문에 수소 폭탄의 설계도를 보아도 무엇인지 알지는 못하셨을 것으로 생각한다.

이 네 가지 서로작용 중 가장 오랫동안 연구되었지만 가장 이해가 부족한 것이 바로 중력이다. 이 중력은 질량을 가진 입자들 사이의 서로작용인데, 우리는 자연스럽게 다음과 같이 질문한다. "질량이란 무엇인가?"라는 물음에 물리학자들은 "질량이란 어떤 물질이 갖는 특성으로 중력을 일으킨다."라고 답한다. 그러면 "그럼 중력은 무엇인가?"라는 물음이 곧바로 나온다. 이 질문에 대해 "중력이란 질량을 가진 물질들 사이의 서로작용이다."라고 답한다. 그런데 무언가 이상하다. 이 대답을 듣고는 이내 "질량이란 무엇인가?"라고 되물을 수밖에 없다.

우리는 뱀이 제 꼬리를 물듯이 똑같은 물음을 되풀이해야 한다. 이 과정이 뜻하는 바는 질량과 중력을 따로따로 이해하는 것이 아니라 질량과 중력은 한데 묶어 한꺼번에 이해해야 한다는 것이다. 중력을 모르고는 질량을 알 수 없고, 그 반대도 마찬가지이다.

모든 물질은 원자로 이루어져 있고, 원자는 다시 양성자와 중성자로 이루어진 핵과 그 주위를 배회하는 전자들로 이루어져 있다고 한다. 이 전자는 질량을 가지고 있으므로 전자들 사이에는 중력이 작용할 수 있다. 또한 전자는 전하를 가지고 있으므로 전자들 사이에는 전기력이 작용할 수 있다. 만일 많은 수의 전자들이 전선을 따라 움직이면 '전선에 전류가 흐른'다고 한다. 전류가 흐르는 두 전선 사이에는 자기력이 작용한다. 이처럼 전자는 전하와 질량이라는 성격을 동시에 가지는데, 질량은 중력을 발현하고, 전하는 전기력을 발현하며, 전자의 움직임은 자기력을 발현시킨다. 질량과 마찬가지로 전하 역시 전기력과 함께 뜻을 헤아려야 제대로 알 수 있다.

4. 무엇이 뉴턴을 위대하게 만들었나?

뉴턴이 중력을 발견한 것이 아니라면 왜 뉴턴이 그토록 위대한 물리학자로 대접받고 있나? 물론 중력 모형의 완성만으로도 위대한 물리학자로 대접받는 데 아무런 부족함이 없다. 그러나 우리는 뉴턴이 어떻게 중력 모형을 완성하였는지 알아보면서 그의 위대성이 잘 드러나는 면모를 조금 더 살펴보자.

1) 만유인력? 아니, 만유중력!

- **만유(萬有)**
  1. 우주에 존재하는 모든 것. ≒만군.

- **universal**
  1. including or covering all or a whole collectively or distributively without limit or excep- tion especially : available equitably to all members of a society universal health cover- age
  2. a) present or occurring everywhere
     b) existent or operative everywhere or under all conditions
  3. a) embracing a major part or the greatest portion (as of humankind)
     b) comprehensively broad and versatile
  4. a) affirming or denying something of all members of a class or of all values of a vari- able
     b) denoting every member of a class
  5. adapted or adjustable to meet varied requirements (as of use, shape, or size)

만유는 한자어로 '일만 萬'자와 '있을 有'자로 이루어져 있다. 일만이라 하니 10,000을 떠올리는 분들도 계시겠지만 온전함 또는 전체라는 뜻이 더 정확하다. 표준국어대사전에는 '우주에 존재하는 모든 것'으로 명사로만 설명이 되어 있다. 그러나 만유인력에서 만유는 관형어, 곧 꾸밈말이다. 만유는 영어 낱말 'universal'을 번역한 것인데, '모든 곳에 존재하거나 나타나는'이라는 메리엄-웹스터 사전의 설명 항목 2.a가 적절하다.

흔히 뉴턴이 발견한 것이 만유인력이라고 일반적으로 알고 있다. 그러나 '만유인력'이라는 쓰임말은 일본학자들의 저지른 또 다른 오역이다. 물론 중력은 인력, 곧 끌힘만 있다. 그런데 엄밀하게 말하면 만유인력은 중력만 있는 것이 아니다. 전자와 양성자 사이에는 끌힘이 작용하는데 이것 역시 '만유'하므로 만유인력이다. 뉴턴이 사용했던 말은 'universal gravity' 곧 '만유중력'이다.

뉴턴의 위대성은 바로 이 중력이 '만유'하다는 것을 알아냈다는 것이다. 현대인에게는 이것이 전혀 새롭게 느껴지지 않겠지만 뉴턴 시대에는 지구 표면에서 사과가 떨어지는 현상과 달이 지구 주위를 공전하는 현상이 모두 똑같은 '만유중력'에 의한 것이라고 생각하지 못했다. 뉴턴은 달의 공전궤도를 분석하여 **수량적**으로 이 두 현상의 근원이 같은 '만유중력'에 의한 것임을 알아내[1] 중력이 '만유'하다는 것을 밝혀냈다. 이것이 뉴턴의 첫 번째 위대성이다.

2) 행성을 점으로 취급한다고?

케플러라는 천문학자가 태양계에 있는 떠돌이별들의 운동에 대해 세 개의 법칙을 발표하였다.

- **케플러의 법칙**

1. 태양계의 모든 떠돌이별은 태양을 한 초점으로 하는 타원 궤도를 그린다.
2. 태양과 한 떠돌이별을 잇는 선분이 단위 시간당 휩쓰는 넓이는 일정하다.
3. 어느 떠돌이별의 공전 주기의 제곱은 궤도의 긴반지름의 세제곱에 비례한다.

1 이 문제는 뒤에 인공위성의 원리에서 다룬다.

제1법칙에서 떠돌이별의 '궤도'를 언급하였는데, 이 말은 떠돌이별들을 점으로 취급했다는 것이다. 당시의 물리학자들은 이 사실이 맞는 것 같지만 점으로 취급해도 괜찮다는 근거, 더 정확하게 말하면 수학적 근거를 가지고 있지는 못해 불안해하였다. 그런데 뉴턴은 이 문제를 해결하기 위해 새로운 수학적 방법을 고안해 해결하였다. 그것은 바로 미분·적분학이다. 또한 뉴턴은 케플러의 법칙들을 자신의 중력 이론을 이용하여 모두 **수학적**으로 깔끔히 설명하였다. 이것이 뉴턴의 두 번째 위대성이다.

5. 자유 낙하

앞에서 자유 낙하란 중력 이외에는 작용하는 힘이 없는 운동을 가리킨다고 하였다. 그래서 물체를 위로 던졌을 때 올라가는 과정도 자유 낙하이다. 당연히 "낙하는 아래로 떨어지는 것을 뜻하는데 어떻게 위로 올라가는 운동 역시 자유 낙하가 될 수 있나?" 하고 물음이 생길 수밖에 없다. 위로 올라가고 있는 동안에도 낙하, 곧 떨어지고 있는 것인가? 그렇다. 이런 경우를 생각해 보자. 돌멩이를 45도 각도로 비스듬히 던졌다. 이때 돌멩이의 수평 방향과 수직 방향 속력 모두 초속 50미터이다. 만일 중력이 작용하고 있지 않다면 1초 후에 돌멩이는 지상에서 50미터 높이, 그리고 수평 방향으로는 던진 지점에서 역시 50미터 떨어진 위치에 있을 것이다. 그런데 중력의 영향으로 수평 방향 위치는 똑같지만 수직 방향 높이는 45미터이다. 높이가 중력이 없을 때에 비해 5미터 아래에 있다. 바꾸어 말하면 1초 동안에 5미터 '떨어진' 것이다. 2초 후에 돌멩이의 위치는 수평거리 100미터, 높이는 80미터이다. 중력이 없었다면 높이 역시 100미터가 되겠지만 중력에 의해 '떨어지므로' 높이가 80미터밖에 되지 않는다. 이 과정을 잘 들여다보면 우리가 관찰할 때 돌멩이는 올라가는 것처럼 보이지만 실제로는 중력에 의해 '떨어지고' 있어서 중력이 작용하지 않을 때보다 아래에 있다. 그래서 중력만 작용하는 운동을 가리켜, 올라가고 있음에도 불구하고, 자유 낙하라 부른다.

6. 인공위성의 원리

떨어지는 것은 돌멩이만이 아니다. 사실은 달도 떨어지고 있다. 필자는 이 부분을 가르칠 때 학생들에게 묻는다.

"만일 지금 갑자기 달과 지구 사이의 중력이 사라지면 달은 어떤 운동을 할까?"

이 질문에 대한 답은 다양하게 나타나는데, 달이 지구를 향해 급히 떨어진다거나, 달이 지구로부터 순간적으로 멀어진다거나 하는 대답들이 나온다. 이런 대답은 모두 달이 지구 주위를 공전하기 위해서는 구심력이 필요한데 이 구심력은 달과 지구 사이에 작용하는 중력이라는 사실에 지나치게 집착하여 생기는 오개념이다. 중력이 사라지면 달이 어떻게 운동하는지 두 가지로 설명해 보겠다.

우선 논리적으로 접근하자. 뉴턴의 제1 운동 법칙에 의하면 힘을 받지 않는 입자는 등속 직선 운동을 하거나 정지해 있다. 있던 힘이 사라지면 바로 이 순간에 입자가 가지고 있는 속도가 중요하다. 만일 '우연히도' 이 순간에 속도가 0이라면 이 입자는 힘이 사라지는 순간부터 영원히 정지해 있을 것이다. 그러나 그 순간의 속도가 0이 아니라면 바로 그 순간의 속도를 그대로 유지하면서 직선 운동을 할 것이다. 여기서 그 순간의 속도를 그대로 유지한다고 하였으니 방향은 그 순간의 속도가 가지는 방향이다. 지구와 달의 경우를 생각해 보면 달의 공전궤도의 접선 방향이다. 지구와 달 사이의 중력이 어느 순간 사라지면 달을 그 순간 궤도의 접선 방향으로, 그 순간의 속도를 유지한 채 움직이므로, 우리가 관찰하기에는 서서히 멀어지는 것으로 관찰될 것이다. 그러나 시간이 많이 흐르면 지구의 자전과 공전의 영향 때문에 복잡한 모양으로 멀어진다. 이렇게 설명을 하다 보면 여러분은 "에이, 이러니 물리학이 어렵다고 하는 거지."라고 말하면서 불평을 쏟아낼 것이다. 그렇다. 물리학자들은 이와 같은 방식으로 생각하기를 좋아하고, 그렇게 생각하도록 훈련을 받은 사람들이다.

자, 이제 보통 사람들이 이해하기 쉽도록 설명을 해 보자. 줄에 매달린 돌멩이를 생각해 보자. 줄을 적당한 길이로 잡고 이 돌멩이를 원운동을 시켜 보자. 돌멩이가 원운동하는 어느 순간에 줄을 끊어 보자. 돌멩이는 어떻게 움직일까? 흔히 줄의 방향, 곧 반지름 방향으로 튀어 나간다고 생각하는데 그렇지 않다. 줄이 끊어진 순간의 원 궤도의 접선 방향으로 날아간다. 반지름에 수직한 방향이다.

만일 지구 표면에 있는 물체들에 작용하는 중력이 사라지면 우리는 어떤 현상을 관찰할 수 있을까? 보다 구체적으로, 여러 사람이 모인 광장에서 나만 빼고 다른 사람들에게 작용하던 중력이 갑자기 사라졌다고 생각해 보자. 어떤 현상이 일어날까? 나만 빼고 모든 사람들이 갑작스레, 그러나 천천히 위로 둥둥 떠오를 것이다. 중력이 사라지면 물체의 운동 방향이 지구 중심으로부터 멀어지고 있으니 반지름 방향으로 움직인다고 착각할 수 있다. 지구에 대해 정지해 있는 내 입장에서는, 나나 떠오르는 사람들 모두 똑같은 수평 방향 속도를 가지고 있으므로, 떠오르는 사람들의 수평 방향의 운동은 나에게 관찰되지 않아, 다른 사람들의 운동이 수직 방향으로 떠오르는 것처럼 보인다. 그러나 지구 밖에서 지구 중심에 대해 정지해 있는 관찰자는 사람들이 지구 표면의 접선 방향으로 움직인다고 관찰한다. 이러한 이유로 앞에서 예를 든 달이 반지름 방향으로 날아간다고 착각하기 쉽다.

다시 달 문제로 돌아가자. 중력이 사라지면 달은 궤도의 접선 방향으로 날아간다. 중력이 작용할 때와 비교하여 달의 위치는 얼마나 달라져 있을까? 달의 궤도를 그려놓고 그 궤도 상의 한 점에서 접선을 그어 놓자. 1초 후에 달의 궤도상 실제 위치와 접선에 있는 중력이 없을 때의 가상 위치의 차이를 구해 보면 1.4밀리미터이다. 바꾸어 말하면 달이 지구의 중력 때문에 1초에 1.4밀리미터 '떨어지는' 것이다. 왜 1.4밀리미터인가? 지구 표면에서는 1초에 5미터 떨어진다. 그런데 달과 지구 사이의 거리는 지구 반지름의 60배 정도이다. 따라서 지구가 달에 미치는 중력은 지구 표면에 미치는 중력의 세기에 비해 1/(60의 제곱), 곧 1/3,600이다. 그러면 1초 동안에 떨어지는 거리 역시 (5미터)×1/3,600~1.4밀리미터이다. 이처럼 달은 지구의 중력 때문에 계속 떨어지고 있지만, 그 정도가 너무 작아서 한 바퀴를 도는 동안에 지구와 달 사이의 거리를 좁히지 못하고 있다. 따라서 우리는 달이 지구 주위를 공전하고 있다고 관찰한다. 겉보기에는 그렇게 보이지 않지만 사실 달은 아주 열심히 중력의 법칙에 따라 떨어지고 있다.

이제 이 상황을 지구 표면에서 들여다보자. 5미터 높이의 탑에서 수평 방향으로 초속 10미터의 속력으로 돌멩이를 던져 보자. 얼마나 멀리 날아갈까? 수평 방향으로 던진 물체가 땅에 떨어지는 데 걸리는 시간은 물체의 수평 방향 속력과는 전혀 관계가 없고 오로지 높이에 의해서만 결정된다. 지금과 같이 5미터 높이의 탑에서 수평으로 돌멩이를 던지면 돌멩이는 1초 후에 땅에 떨어진다. 수평 방향의 속력이 초속 10미터라 하였으니 탑으로부터 10미터 거리에 떨어질 것이다. 돌멩이를 초속 50미터로 던지면? 물론 탑으로부터 50미터 거리에 떨어질 것이다. 초속 1킬로미터로 던지면, 물론 탑으로부터 1킬로미터 거리에 떨어질 것이다. 초속 2킬로미터로 던지면, 물론 탑으로부터 2킬로미터 거리에 떨어질 것이다.

잠깐! 여기서 우리가 하나 놓치고 있는 것이 있다. 탑으로부터 2킬로미터 거리에 떨어지려면 지구 표면이 평면이어야 한다. 하지만 지구 표면은 평면이 아니라는 것을 우리는 잘 알고 있다. 수십 미터 또는 수백 미터 정도의 거리에서는 지구 표면의 곡률이 문제가 되지 않지만 2킬로미터 거리라면 이 곡률을 무시할 수 없다. 실제로 지구 표면의 곡률은 대략 8킬로미터쯤 지구 표면에 접선 방향으로 가면 땅에서 5미터 정도 위로 뜬다. 이 사실을 수평으로 던진 돌멩이에 적용해 보자. 만일 돌멩이를 수평 방향 초속 8킬로미터로 던지면 1초 후에 탑으로부터 8킬로미터 떨어진 곳에 도착했는데, 이 동안 돌멩이는 5미터 떨어졌지만, 땅 역시 여전히 5미터 아래에 있다. 바꾸어 말하면, 돌멩이는 1초 동안 수평으로 날아가면서 아래로 5미터 떨어졌지만 아직 땅에 닿지 못한다. 다시 1초를 더 날아가 보자. 이 동안 돌멩이는 역시 5미터 떨어졌지만 땅이 아래로 꺼져 있어서 지표면에 닿지 못한다. 계속해 보자. 아무리 돌멩이가 열심히 떨어져도 1초 후에 8킬로미터를 날아가고 5미터 떨어져도 땅이 꺼져 있어서 지표면에 닿지 못하는 일이 계속될 것이다. 바꾸어 말하면, 수평 방향으로 초속 8킬로미터의 속력으로 돌멩이를 던지면 지구 표면에서 5미터 높이를 계속 유지하면서 날아가, 대략 1시간 반 후에 지구를 한 바퀴 돌아 제자리로 돌아온다. 물론 공기의 저항이 없을 때에만 가능하다. 이것이 인공위성에 적용되는 기본 개념이다. 이 기본 개념은 사실 영어로 번역된 뉴턴의 저서, 흔히 불리는 대로 『프링키피아(Principia)』에 실려 있는 '포물체의 궤도'라는 그림에 잘 나타나 있다.

7. 블랙홀

블랙홀은 영어 'black hole'을 소리 나는 대로 적은 것이다. 블랙홀이 무엇인지 알려면 우선 별의 일생이 어떻게 흘러가는지 알아야 한다. 붙박이별들은 태양처럼 스스로 밝게 빛을 낼 수 있다. 태양과 같은 별들에는 수소가 5% 이상 있는데, 이 수소 원자들이 양성자 연쇄 반응이라는 과정을 통해 핵융합을 일으켜 헬륨 원자가 된다. 핵융합이 일어나기 위해서는 매우 높은 온도와 압력이 필요한데, 태양의 중심부는 약 1,570만 도 정도 되고 밀도가 물의 150배 정도 된다. 밀도가 이처럼 높다는 것은 그만큼 압력도 높다는 뜻인데 대기압의 2,500배 정도이다. 핵융합을 통해 헬륨 원자가 만들어 지려면 4개의 수소 또는 양성자가 필요한데 헬륨 원자의 질량이 양성자 네 개의 질량보다 약간 작다. 이 말은 핵융합 과정에서 질량 손실이 일어난다는 뜻인데, 바로 이 손실된 질량이 에너지로 변환되어 내부의 온도를 더 높이고, 별이 밝게 빛을 내는 것이다. 핵융합은 계속 에너지를 방출하므로 별이 팽창하도록 한다. 그러나 별의 중심에서는 압력이 더 높아져 밀도가 높아지면 중력이 강해지는데 이 중력이 별의 팽창을 막고 있다. 다시 말하면 핵융합에 의한 팽창력과 중력에 의한 수축력이 비김을 이루고 있다는 뜻이다.

그런데 수소가 소진되어 더 이상 핵융합을 일으킬 수 없게 되면 여러 과정을 거쳐 중성자별이 된다. 중성자별이란 원자들이 가지고 있던 전자들이 어떤 이유에 의해 원자핵에 있는 양성자와 결합하여 중성자로 모두 바뀐 별인데, 부피가 매우 줄어든다. 비교하자면 지구가 그 질량을 유지한 채 크기가 축구공만 해졌다고 생각하면 그런대로 맞는 것이다. 따라서 밀도가 매우 높은데 중성자별이 되고 나면 별로서의 활동이 정지되므로 별의 무덤이라고도 불린다. 그런데 블랙홀 역시 별의 활동이 멈춘 상태이므로 중성자별과 같은 별의 생애 마지막 단계이다. 다만 블랙홀은 중성자별보다도 밀도가 더 높다. 따라서 별의 중심에서 같은 거리에 있다면 매우 큰 중력이 작용하여, 심지어는 빛이 지나가다가 어느 정도 블랙홀 근처에 도달하면 진행 방향을 바꿔 블랙홀로 빨려 들어가 다시 나오지 못한다. 따라서 별인 것은 맞는데, 빛을 내지 못하니 까맣게 보여 블랙홀이라는 이름을 얻게 된 것이다.

천체를 관찰할 때는 시각에 많이 의존하는데, 빛을 내지 못하니 당연히 우리 눈으로는 관찰이 되지 않는다. 따라서 블랙홀을 관찰하는 방법은 몇 가지가 있는데 그중 하나가 중력파의 측정이다. 두 개의 블랙홀이 충돌하여 합해지면 그 주변의 중력이 급격히 변하므로 중력파를 만든다. 이 중력파의 측정에는 LIGO(라이고)라 불리는 측정 도구를 이용해야 하는데, 이 측정 결과 중력파의 존재를 검증하여 킵 손, 바이스, 배리시 교수가 2017년 노벨 물리학상을 받는다.

또 다른 방법은 x-선 검출이다. 많은 경우 블랙홀은 혼자 있지 않고 가까이에 또 다른 별이 있어 쌍성을 이루고 있다. 그런데 이 별이 블랙홀과 충분히 가까이 있으면 별을 구성하는 물질이 조금씩 블랙홀로 빨려 들어간다. 이때 빨려 들어가는 물질의 속도가 점점 커져 빛의 속도에 가까워지는데 서로 마찰을 일으켜 온도가 급격히 올라간다. 이렇게 높은 온도에 이른 물질은 x-선을 방출하는데 이 x-선을 측정하면 블랙홀의 존재를 알아낼 수 있다.

블랙홀에 대한 오해가 많다. 필자의 기억으로는 2008년 또는 2009년에 유럽의 가속기 연구소인 CERN에서 마이크로 블랙홀[2]을 만들어 실험한

2 양자 블랙홀이라고도 불리는데 크기가 0.1밀리미터 정도이다.

다고 하였다. 이 실험은 한국의 한 이론 물리학자가 제안한 것을 따른 것인데, LHC라는 입자가속기를 이용해 높은 에너지를 가진 입자들을 충돌시켜 마이크로 블랙홀을 만들어 관찰하겠다고 발표하였다. 그런데 블랙홀이 주변의 물질들을 빨아들인다는 막연한 불안감에 CERN의 LHC에서 만들어진 블랙홀이 가속기를 집어삼키고, 이어서 CERN도 집어삼키고, 유럽 그리고 지구 전체를 빨아들일 것이라는 헛소문이 돌았다. 그래서 유럽 및 세계 국가들의 시민들이 내는 세금으로 운영된 연구소가 지구를 멸망시키는 연구를 한다고 주장하며 당장 이 연구를 중단시켜야 한다는 음모론자들의 주장이 한때 인터넷을 뜨겁게 달구었다. 그러나 염려 마시라. 블랙홀은 자신의 주변에 우연히도 '충분히' 가깝게 접근하는 물질만 빨아들일 수 있다. 이를 알기 쉽게 설명하려면 다음의 예를 생각해 보자.

태양은 블랙홀로 진화하기에는 그 질량이 너무 작다. 적어도 태양의 네 배 이상 되는 별만이 블랙홀이 될 수 있다. 그러나 어떤 이유에서인지 태양이 그 수명의 끝에서 블랙홀이 되었다고 가정하자. 그렇다면 지구를 포함한 떠돌이별들의 운명은 어찌되는가? 태양이 빛을 내지 못하니 지구에는 밤만 계속되고, 대기의 온도가 영하 100도 이하로 내려가는 것 외에는 어떤 변화도 일어나지 않는다. 블랙홀로 변한 태양이 지구를 포함한 떠돌이별들을 빨아들이는 일 따위는 일어나지 않는다. 지금과 같은 공전 및 자전을 계속할 것이다. 왜냐하면 태양이 블랙홀이 되어도 떠돌이별들은 태양에 빨려 들어갈 정도로 '충분히' 가까이 있지 않다. 태양의 질량이 변하지 않는 한 모든 떠돌이별은 지금과 같은 운동 상태를 그대로 유지한다. 그러니 두려워 마시라.

맺는말

물리학뿐만 아니라 다른 분야에서도 그 분야의 쓰임말을 제대로 이해하지 않고는 그 분야에서 논의되는 문제에 대해 이해하기 매우 어렵다. 그런데, 다른 분야에서도 그러하듯이, 물리학 쓰임말들 역시 우리가 일상생활에서 쓰는 낱말을 빌려 쓰면서 그 낱말의 일반적으로 가지는 뜻 중에서 극히 작은 일부의 뜻만을 가져다 쓴다. 물리학의 어려움은 대부분 이러한 쓰임말의 뜻이 비록 일상생활에서는 매우 다양하게 쓰이고 있지만, 그것이 일단 물리학의 쓰임말이 되는 순간 그 뜻은 매우 제한적이어서 하나의 뜻만을 가진다는 사실을 잊어버리면 혼란이 온다는 것이다. 물리학, 나아가서는 자연과학 쓰임말이 하나의 뜻만을 가져야 하는 이유는 바로 자연과학이 가지는 객관성 때문이다. 객관성이란 물리학, 그리고 자연과학에서는 매우 중요한 개념인데, 하나의 쓰임말은 그 뜻이 유일하여야만 이 객관성을 담보할 수 있다.

우리 속담에 같은 말이라도 '아' 다르고 '어' 다르다고 하였다. 똑같은 낱말, 심지어는 똑같은 문장을 말해도 말하는 사람의 억양에 따라 그 뜻은 정반대가 되기도 한다. 우리는 '잘한다'와 '자~알 한다'의 차이를 잘 알고 있다. 그러나 자연과학에서는 어떤 쓰임말이 앞뒤 문맥 또는 말하는 사람의 억양에 따라 그 뜻이 변한다면 매우 큰 혼란에 빠진다. 물리학의 쓰임말은 문맥이나 억양에 따라 그 뜻이 달라지지 않고 언제나 한결같이 같은 뜻을 지닌다.

물리학 쓰임말의 뜻이 하나라 하여 그 뜻을 쉽게 이해할 수 있다는 뜻은 결코 아니다. 학생 시절 '소외'에 대한 책을 한 권 읽은 적이 있는데, 저자는 자신이 앞으로 그 책에서 쓸 '소외'라는 낱말이 가지는 뜻을 구체화하기 위해 그 책의 첫 장에서 약 두세 쪽에 걸쳐 설명하고 있었다. 비록 다른 사람들은 그러하더라도, 자신은 이러한 뜻으로는 소외라는 낱말을 쓰지 않을 것이며, 자신이 가장 강조하여 소외라는 낱말을 쓸 때는 이러이러한 개념을 염두에 두고 썼다는 등의 이야기를 매우 지루하다 느낄 정도로 자세하게 설명하고 있었다. 이렇게 자신이 쓸 열쇳말을 첫 장에서 자세히 설명하니, 이후의 논의에서 쓰이는 '소외'라는 열쇳말이 자칫 불러일으키기 쉬운 오해를 어렵지 않게 멀리할 수 있었다. 쓰임말의 뜻이 분명할수록 자신이 말하려는 요지를 더 간결하면서도 알기 쉽게 전달할 수 있다. 물리학이라 하여 예외일 수는 없다.

이 책을 여기까지 읽은 여러분은 이미 눈치를 채셨겠지만 물리학 쓰임말의 엄밀한 정의를 이해하고 그 개념을 자신의 것으로 만들려면 단순히 그 쓰임말 하나만 이해해서는 불완전하다. 예를 들어 '질량'이 무엇인지 알려면 관성과 중력에 대한 이해가 선행되어야 한다. 그런데, 중력에 대한 이해를 제대로 하려면 '힘'이 무엇인지 알아야 하고, 힘을 제대로 알기 위해서는 뉴턴의 세 가지 운동 법칙에 대한 이해가 어느 정도 되어 있어야 한다. 그런데, 뉴턴의 세 가지 운동 법칙에 대한 이해를 제대로 하려면 질량에 대해 제대로 알고 있어야 한다. 지금 이 논의를 조금 과장되게 간단히 말하면 질량에 대한 **이해** 없이는 질량을 이해하기 어렵다는 너무도 허망한 결론에 이른다. 하지만 이 논의의 깊은 뜻이 다른 곳에 있으니, 물리학 쓰임말을 제대로 알아야 물리학을 제대로 이해할 수 있는데, 이 쓰임말들의 뜻은 물리학에 대한 이해가 없으면 그리 쉽게 이루어지지 않는다는 것이다. 바꾸어 말하면 쓰임말 개개의 뜻을 아는 것도 중요하지만 이 쓰임말들을 꿰뚫는 하나의 큰 줄거리를 모르고는 쓰임말 개개의 뜻을 제대로 이해할 수 없다는 것이다. 물론, 물리학 쓰임말들 개개의 뜻을 모르고 물리학을 이해할 수 없다는 것은 너무 자명하다. 곧, 나무만 보아서는 숲을 알 수 없지만, 그렇다고 숲 전체만 바라보다가는 나무 하나하나는 완전히 볼 수 없게 된다. 이 둘을 동시에 볼 수 있는 능력이 필요한데, 물리학은 이러한 통찰력을 끊임없이 요구한다.

이 책을 읽고도 여전히 물리학이 어렵게 느껴질 것이다. 그것은 너무 자연스러운 것이니 절대 '나만 그런가?' 주눅들 필요는 없다. 여기까지 읽지 않고 중도에 포기하신 분들이 매우 현명하였다고 말하고 싶지만, 나의 자존심이 쉽게 허락하지는 않는다. 여기까지 읽고 나서 물리학에 대한 막연한 두려움이 조금이라도 가셨다면 나로서는 매우 성공한 것이다. 그러나 여기까지 읽고도 여전히 그 두려움이 사라지지 않았다면 이제는 이 책에 대한 미련을 훌훌 털어 버리시기를 바란다. 다만, 그런데도 물리학에 대한 두려움에서 벗어나고 싶으시다면 '다시 읽기'를 권한다. 사실 '다시 읽기'는 다른 모든 물리학의 분야에 대한 이해에서도, 그리고 더 나아가서는 다른 모든 학문 분야에서 통하는 훌륭한 만병통치약이다.

지은이 **이주열**

서울대학교 물리교육과를 졸업하고, 한국과학기술원(KAIST)에서 물리학 석사학위, 미국 아이오와주립대학교에서 물리학 박사학위를 받았다. 울산대학교, 호서대학교, 성균관대학교에서 교수로 일하며 약 40년 동안 물리학을 가르쳤다. 동시에 한국물리학회와 한국진공학회에서 부회장 및 편집위원장을 역임하면서 다양한 학술지 편집을 도맡았다. 자성체의 물성과 메타 물질, 특히 완전 흡수체에 관한 연구를 활발히 하고 있다. 이 책은 저자가 긴 시간 일반물리학을 강의하면서, '왜' 많은 학생들이 물리학을 어려워하는지 고민하고 또 그 답을 찾고자 한 과정에서 시작되었다. 대부분 물리학 쓰임말에 대한 잘못된 이해에서 물리학에 대한 어려움과 거리감이 비롯되는 경우가 많았다. 저자는 이 책을 통해 물리학에 대한 막연한 두려움과 잘못된 선입견을 줄이면서, 물리학의 쓰임말을 바로 알 수 있도록 돕고자 한다. 나아가 많은 사람들이 물리학에 대한 관심을 갖고, 매력에 빠질 수 있기를 간절히 바라고 있다.

다시 시작하는 물리 공부
물리요?

1판 1쇄 인쇄 2022년 8월 5일
1판 1쇄 발행 2022년 8월 12일

지은이 이주열
펴낸이 신동렬
책임편집 구남희
편집 현상철 · 신철호
외주디자인 심심거리프레스
마케팅 박정수 · 김지현

펴낸곳 성균관대학교 출판부
등록 1975년 5월 21일 제1975-9호
주소 03063 서울특별시 종로구 성균관로 25-2
전화 02)760-1253~4
팩스 02)760-7452
홈페이지 http://press.skku.edu/

ISBN 979-11-5550-549-6 03420